理想·宅

编

室内设计

常用资料集

方案设计 · 照明布置 · 节点构造 · 空间尺度

化学工业出版社
·北京·

内 容 简 介

本书详细介绍了室内设计常用的设计技法与应用方法，包括空间与布局、室内人体工程学、装饰材料与构造、照明设计与布置、室内风格与流派、色彩搭配与组合、室内软装设计七个方面。为了保证内容的实用性，本书对涉及的知识进行了总结与概括，整本书没有过多的设计基础理论的文字讲解，更多是设计技法总结、方案的解读和数据尺寸的参考，力求内容的可操作性，希望读者能快速上手，拿来就用。

本书可供室内专业设计人员和在校学生使用，也可作为大专院校建筑、室内环境艺术专业的教学参考书。

图书在版编目（CIP）数据

室内设计常用资料集：空间尺度·节点构造·照明布置·方案设计 / 理想·宅编. —北京：化学工业出版社，2023.3
ISBN 978-7-122-42618-5

Ⅰ．①室… Ⅱ．①理… Ⅲ．①室内装饰设计-图集 Ⅳ.①TU238.2-64

中国版本图书馆CIP数据核字（2022）第230646号

责任编辑：彭明兰　　　　　　　　　　文字编辑：冯国庆
责任校对：边　涛　　　　　　　　　　装帧设计：史利平

出版发行：化学工业出版社（北京市东城区青年湖南街13号　邮政编码100011）
印　　装：河北京平诚乾印刷有限公司
710mm×1000mm　1/16　印张18　字数293千字　2023年5月北京第1版第1次印刷

购书咨询：010-64518888　　　　　　　售后服务：010-64518899
网　　址：http://www.cip.com.cn
凡购买本书，如有缺损质量问题，本社销售中心负责调换。

定　　价：118.00元　　　　　　　　　　版权所有　违者必究

前言

　　面对设计领域各种复杂和抽象深奥的教科读物或者是辅导资料，设计基础相对薄弱的初学者在选择参考书时就会觉得很茫然，因为室内设计涉及的内容非常多，如果每本相关书籍都要购入，不仅费时费力，往往还得不到很好的学习效果。因此，市场急需一本内容翔实、资料丰富、通俗易懂的室内设计书籍，基于此目的，我们编写了本书。

　　本书共七章。第一章空间与布局主要分为两部分，第一部分针对户型优化知识点，直接给出优化手法和实际运用，第二部分则直接给出功能空间的布局方案和尺寸。第二章室内人体工程学则给出了在设计时常用到的人体尺寸和活动尺度。第三章装饰材料与构造，按材料分类给出施工构造和设计手法，另外还包括材料收口资料。第四章照明设计与布置，将照明中的基本公式和工法以及常用的节点构造直接给出，方便查阅参考。第五章室内风格与流派，不仅分析了流派对风格的影响，而且直接给出时下室内设计常用风格的特点与运用。第六章色彩搭配与组合不仅给出配色方案，而且总结了室内设计常用的色彩技法。第七章室内软装设计，没有介绍单品分类，而是着重呈现了软装摆场的构图方法与技法，同时总结了室内软装单品的布置方法。

　　本书详细介绍了室内设计常用的设计技法与应用方法，使用的都是近些年的设计理念和案例，并且使用彩色印刷，提升阅读感。本书对设计知识进行了细致的整理和归纳，让知识点变得条目化，使读者能更好地串联起来，便于记忆。同时，本书兼顾专业与普及两个方面，适应面较广，内容基本涵盖室内设计中需要经常查阅的设计技法、节点构造、常用数据等，力求内容的可操作性，希望读者能快速上手，拿来就用。

　　由于水平有限，尽管编者尽心尽力，反复推敲核实，但难免有疏漏及不妥之处，恳请广大读者批评指正，以便做进一步的修改和完善。

. . . 目 . . .
录

第一章　空间与布局

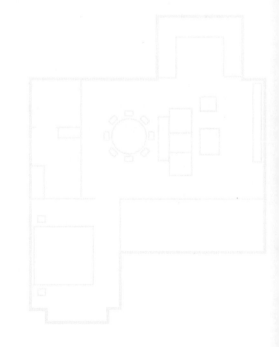

第二章　室内人体工程学

第三章　装饰材料与构造

第四章　照明设计与布置

第五章　室内风格与流派

第六章　色彩搭配与组合

第七章　　室内软装设计

第一章

空间与布局

空间的优化与布局是学习室内设计必不可少的环节，对于方正规整的户型，设计起来并不难，但并不是所有的户型都毫无问题。因此在本章的第一节中，针对常见的户型问题，如空间过小、采光不佳、动线不当等问题，我们总结出了常用的优化方法，并且通过改造前后的户型图对比，直接展示出优化方法的实际运用。在本章的第二节中，则针对八个功能空间的布局进行了介绍，汇总了每个空间的常见布局形式与尺寸，直接给出布局方案，方便学习和参考。

• 第一节　户型缺陷与优化

一、储物空间不够

　　户型面积较小，或者某个功能空间储物空间较少，除了利用软装改造外，还可以利用墙体改造来增加储物空间，比如利用 S 形墙、工字墙或 Y 形墙制作柜体，增加储物空间。

1. 利用 S 形墙

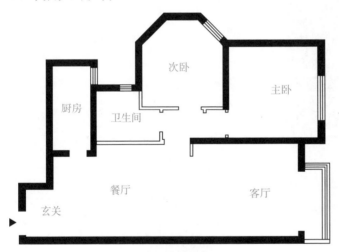

▲ 原始平面图

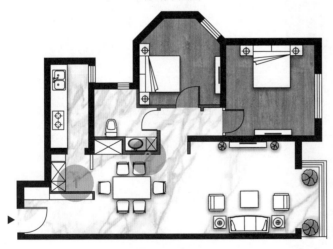

▲ 优化后平面图

户型问题

厨房、卫生间的面积比较小。

优化方法

❶ 把玄关处的面积划分给厨房，新建了 S 形墙和一扇推拉门做隔断。

❷ 卫生间与餐厅隔墙改为 S 形墙，增添一组餐厅收纳柜，同时做到干湿分离。

▲ 原始平面图

户型问题

六口人三个房间不够住；厨房过于紧凑，不能满足多设备收纳。

优化方法

❶ 加大 S 形墙跨度，把一个卧室的一部分和阳台的一部分切割成两个卧室。

❷ 餐厅和厨房合并，橱柜面积扩大，可收纳更多设备。

▲ 优化后平面图

2. 利用工字墙

▲ 原始平面图

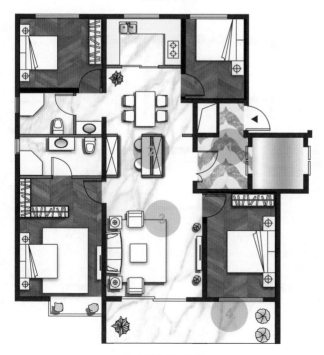

▲ 优化后平面图

户型问题

客、餐厅之间的通道区面积大，难以利用；整个户型没有独立的玄关区；超长阳台，空间利用率低，还会导致卧室私密性较差。

优化方法

❶ 规划双玄关，入户时做好污净分区。

❷ 新建"工"字墙，将难以利用的通道区变成半开放式办公区和入户玄关区。

❸ 通过墙体结构优化，使客厅、餐厅彼此独立。

❹ 通过软隔断将利用率低的长条阳台一分为二，作为不同功能区使用，增加空间利用率。

▲ 原始平面图

户型问题

没有玄关空间，入户就是客厅和餐厅，私密性差；书房和次卧面积过小；卫生间面积小，不能满足四个人使用，同时卫生间门正对入户门。

优化方法

❶ 留出过道对面做洗漱区，这里再加一道工字墙，侧面嵌入壁龛，正面嵌入洗衣机。三分离变四分离，洗漱、洗澡、洗衣服，互不打扰。

❷ 书房与厨房之间的墙面改成S形墙，增加了厨房的面积，解决了冰箱没有空间摆放的问题。

▲ 优化后平面图

3. 利用 Y 形墙

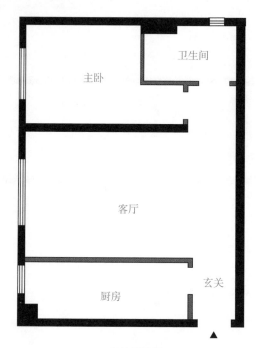

▲ 原始平面图

▲ 优化后平面图

户型问题

一进门就是客厅，没有独立的玄关过渡，同时也没有足够的储物空间；入户门正对卫生间门，缺乏隐私。

优化方法

❶ 在玄关处设计一个 Y 形墙，阻拦视线。Y 形墙一面做玄关柜；一面做酒柜，并沿着酒柜摆放餐桌。

❷ 入户门一侧凹位做玄关柜，在厨房门对面凹位摆放对开门冰箱。

二、功能空间过小

卫生间、卧室或者厨房面积过小不仅会影响居住感受，而且会让设计受到阻碍。对于单个空间面积较小的问题，可以通过墙体推动、空间一体化、向四周借空间等方法来增大面积。

1. 墙体推动

户型问题

没有阳台，晾晒问题需要解决；厨房面积过小，无法满足两人同时做饭的需求，且收纳空间几乎为零，甚至连挂抽油烟机的地方都没有；卫生间面积很小，不足 $2m^2$，无法实现干湿分离，甚至连放置洗脸台、马桶、淋浴器都很勉强。

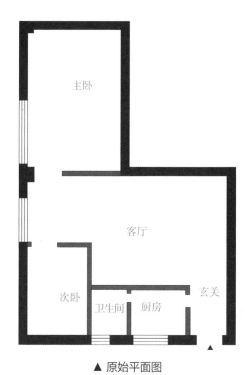

▲ 原始平面图

优化方法

❶ 墙体往主卧方向移动，为在客厅放置餐边柜留下位置。

❷ 墙体往客厅方向移动，增加厨房和卫生间的使用面积。

❸ 拆除厨房与客厅之间的非承重墙，打造开放式厨房。

❹ 厨房窗缩小，增加墙体面积，可放置抽油烟机。

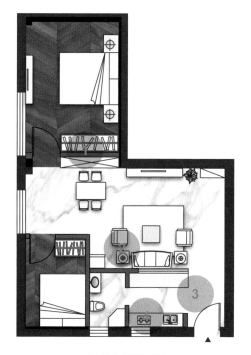

▲ 优化后平面图

▲ 原始平面图

▲ 优化后平面图

户型问题

入户门正对厨房，没有放玄关柜的地方；客厅与餐厅面积较小。休闲区与儿童房面积浪费，儿童房太小。卫生间与主卧动线不顺畅。

优化方法

❶ 一进门的位置，正对门做一个玄关柜，增加了空间的视觉效果，同时让玄关变得更舒适。

❷ 加大客厅的空间，同时也增加了一些柜子，让整个空间的收纳功能更加强大。

❸ 减小休闲区，让休闲区与儿童房进行连通，白天的时候可以将折叠门打开。

▲ 原始平面图

户型问题

客卫、厨房面积过小；公共区域采光条件差，仅靠客厅的一扇小窗户提供采光。

优化方法

❶ 厨房和卫生间墙体外移，面积增大。卫生间做干湿分离处理。

❷ 将原本的书房墙体拆除，将光线引入客厅，同时将餐厅与书房空间互换。

▲ 优化后平面图

2. 空间一体化

▲ 原始平面图

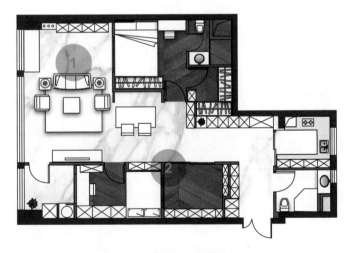

▲ 优化后平面图

户型问题

原始空间的格局规整，但无用隔墙较多，导致没有良好的贯通性；户型面积较大，但房间较少。

优化方法

❶ 拆除无用隔墙，令阳光漫溢到空间的各处角落。

❷ 重新界定功能空间，使空间增加更多。

改造后的客厅与餐厅没有特别的分隔，目的是让空间整体最大化，同时把光线均匀地分散到餐厅中来。餐厅的卡座处增加了一面不大的屏风，和客厅阅读区的卡座有所呼应，似乎也巧妙地充当了客厅与餐厅之间的小隔断。

男孩房的窗户对面就是在原客厅里面隔出来的多功能房，为了对面能够拥有良好的采光及通风，特地在墙的上方增加了一扇小窗。

▲ 原始平面图

▲ 优化后平面图

户型问题

卫生间面积过小，无法做到干湿分离；厨房面积狭长，动线上离餐厅过远；餐厅没有窗户，采光、通风较差；次卧的面积相对过大。

优化方法

❶ 将厨房的墙拆除，把厨房和餐厅、厅和客厅融合在一起，变成一个更开阔的开放式空间。

❷ 把原来离厨房和客厅较远、光线也不太好的用餐区做成一个 4.5m² 的储藏室。主卧的整体面积未变，在进门处增设一个 4.3m² 的衣帽间。

❸ 次卧变小，改成书房，同时在靠墙的区域做成了顶天立地的收纳柜和隐形床。

❹ 卫生间的一侧墙向次卧方向位移，扩增面积，洗漱区、马桶区和淋浴区三区分开。

3. 向四周借空间

▲ 原始平面图

户型问题

过道狭窄，正对入户门的设定，让原本并不长的过道看着更加狭长；卧室门正对入户门，私密性差；零散空间较多，利用率较低。

优化方法

❶ 将原过道位置纳入右手边卧室当中，将原衣帽间打通作为过道。

❷ 餐厅做斜墙，让动线变得更流畅。

❸ 将主卧空间重新分配，增加两个次卧的面积。

▲ 优化后平面图

▲ 原始平面图

▲ 优化后平面图

户型问题

隔墙较多，方正的户型被分隔成许多零散的小空间，空间难以利用完全；厨房和餐厅的面积均比较小，但周围还有利用空间。

优化方法

❶ 将被隔墙和推拉门分隔的零散空间，各自整合成整体大空间。

❷ 拆除餐厅与厨房附近的无用空间，增加使用面积。

拆除原有客厅和阳台之间的隔墙及推拉门，增加客厅的使用面积，使阳台和客厅之间的贯通感更强。

原有餐厅的面积不大，还被隔墙隔出一个小空间，使用起来很不舒服。改造后将隔墙和门拆掉，合并成一个大的用餐空间，宽敞又明亮。同时光线还可以抵达玄关，令此处的小空间也跟着亮堂起来。

三、采光不佳

在有些非常狭长或单面采光的户型中，会出现室内光线弱、空气流动性差的情况。为了改变这种情况，除了拆除墙体外，也可以考虑做室内窗，能够在一定程度上改善及优化采光和通风问题。

1. 室内窗

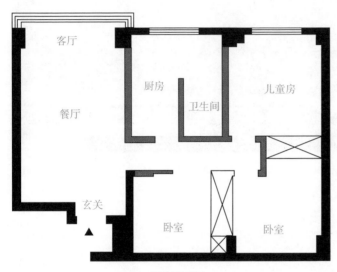

▲ 原始平面图

户型问题

卫生间面积过小，无法做到干湿分离；入户空间过小，没有空间可以放玄关柜等；厨房和卫生间距离过近，起居非常不方便。

优化方法

❶ 公共空间被调整到"暗室"区域，采光好的一侧留给了主卧和儿童房。

❷ 客厅没有自然采光，只能从卧室借光，又不能影响卧室的休息功能。设计师就在儿童房和客厅之间的隔断墙上开了一个拱形玻璃窗。

▲ 优化后平面图

2. 拆墙借光

▲ 原始平面图

户型问题

厨房在入户门一侧，封闭式，只有一个很小的对外的窗户，光线很差；客厅纵深较长，采光仅靠阳台的窗户，很难照到餐厅。

优化方法

❶ 将厨房的非承重墙拆掉，设计成开放式厨房，增加了岛台和餐桌。

❷ 将阳台的多余墙体拆掉，设计成休闲阳台，扩大客厅面积，让光线充分进入室内。

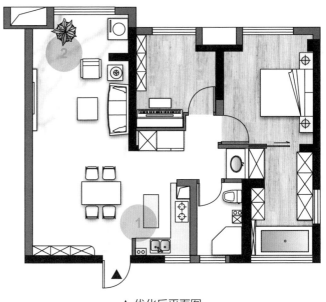

▲ 优化后平面图

▲ 原始平面图

▲ 优化后平面图

户型问题

客厅直接采光较少，采光条件较差；原始空间中的隔墙较多，难以满足业主对于开放式格局的需求；三室两厅的房子，室内空间并不算少，但难以满意业主多方位需求。

优化方法

❶ 扩大阳台与客厅之间的门洞，引入更多的光线。

❷ 做开放式的厨房，打造餐厨一体的设计，同时也不妨碍光线射入客厅。

3. 斜墙

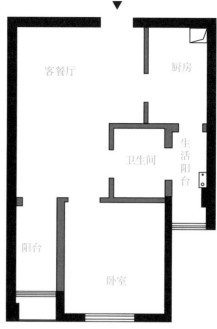

▲ 原始平面图

户型问题

客餐厅几乎没有采光，功能分区不明晰；卫生间面积小，而且正对客餐厅；两个阳台都是狭长型过道，采光差，无法晾晒衣物；储物空间偏小，橱柜不够用，冰箱也无处安放。

优化方法

❶ 拆除卧室与阳台间的隔墙，将阳台与卧室合并，最大限度地将光线引入客餐厅，同时扩大卧室空间。

❷ 改变卫生间的开门位置，将原本的直墙设计成斜墙，这样不会影响光线进入客餐厅，也能利用斜墙做书桌台。

❸ 拆掉厨房和生活阳台的隔墙，扩大厨房空间。开放式的厨房也可以将光线进入客餐厅。

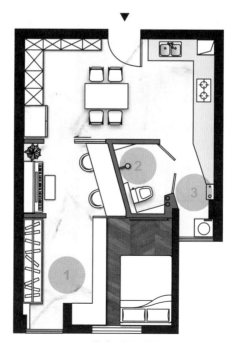

▲ 优化后平面图

▲ 原始平面图

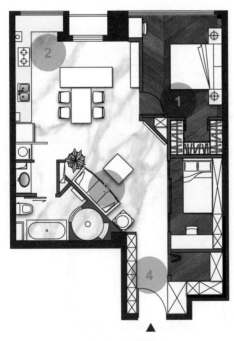

▲ 优化后平面图

户型问题

整个户型仅单边采光，另一边的主卧、卫生间几乎没有直接光线；客餐厅过于狭长，且没有玄关空间，一进门就望到底，私密性差。

优化方法

❶ 将原来的客餐厅重新划分成主卧、次卧和衣帽间，并将主卧放在采光面。

❷ 拆掉靠近采光面的次卧，与厨房空间融合，规划成开放的餐厨一体式。

❸ 客厅空间规划两面斜墙，这样从玄关可以直接进入客厅、厨房和餐厅，非常顺畅。并且斜墙的位置也不影响主卧到卫生间的最短动线。

❹ 入户后，左手区域增加了隔墙，门厅柜的收纳区域完成规划。右手边空间作为独立的规划空间，形成家庭收纳间，完成家庭收纳空间的功能需求。

四、分区欠妥

有些户型没有做到合理分区，分区奇怪导致动线不流畅，这种情况下可以通过空间之间的置换或重组解决问题，或者按照动静分区的手法进行重新改造。

1. 空间置换与重组

▲ 原始平面图

户型问题

空间面积分配十分不合理，客餐厅面积过大，卧室面积过小；厨房和卫生间的面积也相对较小。

优化方法

❶ 厨房采用开放式设计，并延伸至餐厅，打造出一个大厨房的空间体验。

❷ 考虑到客餐厅面积很大，将餐桌设计在客餐厅之间，这样既可以平衡空间关系，又能加深空间的互动属性。

❸ 将原主卧、主卫和次卧、客卫进行空间互换，并适当向客厅扩大。这样在让使用面积更加合理的情况下，还为主卧延伸出了一个衣帽间。

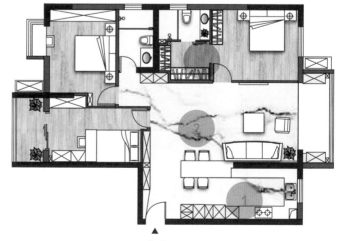

▲ 优化后平面图

▲ 原始平面图

▲ 优化后平面图

户型问题

客厅与玄关的南北通风与采光都被次卧封堵；去厨房的动线为单一动线，必须经过客厅。

优化方法

❶ 将餐厅与次卧进行置换。独立餐厅，餐厅与厨房的连接更好，距离更近。

❷ 去厨房的动线为双动线，可从餐厅快捷进入，也可从客厅进入。

❸ 对主卧、客卫、次卧、阳台进行了颠覆性重组或小范围重组。进入卧室不是直接可以看到床，更有隐私感，衣帽间空间也没有受到挤压，拐角消失，符合动线最简洁的设计法则。

2. 动静分区

▲ 原始平面图

户型问题

户型面积不大，但是分隔较多，导致每个空间的面积都较小，特别是卫生间过小，无法满足基本的需求。另外，两个卧室和厨房采光较好，但是客餐厅缺少采光，相对其他空间会比较昏暗。

优化方法

❶ 将卫生间的面积扩大，这里改造三分离洗手间，除了功能灵活之外，主要是增加洗衣区的收纳功能，三口之家，孩子的衣服需要经常进行清洗。

❷ 客厅、餐厅和阅读区都比之前的采光更加舒适，从入户门可以看到窗外的风景，而不是室内的房间。

❸ 阅读区也在更加合理的位置上，除了采光变好了以外，因为靠近客厅，所以使用起来也很方便。

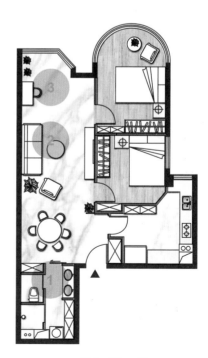

▲ 优化后平面图

五、动线不当

动线不当容易让房屋住起来并不是那么舒心，也容易使空间的利用度不能达到最大化。改变动线不当，可以通过洄游动线、双动线、更改门洞的方法解决。

1. 洄游动线

▲ 原始平面图

▲ 优化后平面图

户型问题

动静分区合理，但是房间的动线比较单一，每个动线都要走到头，再退回来，视觉感也很拥挤。

优化方法

卧室、客厅、餐厅、厨房全部都由一条动线串通而成，居住者可以在家里自由走动。

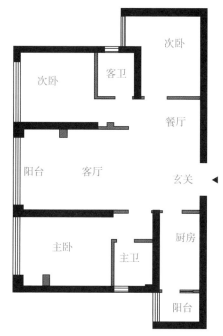

▲ 原始平面图

户型问题

实际面积只有 70m^2，空间比较
局促；另外屋主希望有独立的
书房。

优化方法

❶ 原本餐厅变成书房，餐厅与
客厅合并。

❷ 通过调换主次卧的位置，拓
宽了卫生间的格局并增加了收
纳空间，结合玄关和餐边柜的
设置，形成了洄游动线。

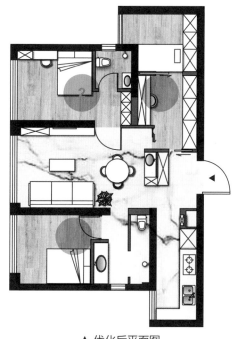

▲ 优化后平面图

2. 双动线

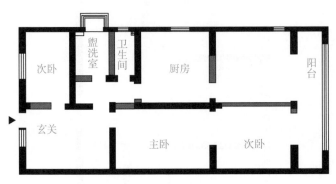

▲ 原始平面图

户型问题

动区与静区没有分开导致动线混乱；户型隔墙较多，相对每个空间都比较小，割裂感比较强。

优化方法

❶ 入户建立双动线，方便家人互动及互相照顾。

❷ 重新梳理及优化空间布局，改善原卫生间空间的局促感。

❸ 厨房外移并通过地面高低差解决空间分区，以及暖气设备的管道和其他管道的走向难题。

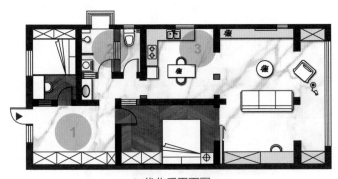

▲ 优化后平面图

▲ 原始平面图

户型问题

原户型虽然方正，但是空间分布不太合理，客餐厅较小且采光不足，卧室的面积也较小。

优化方法

❶ 将客厅与卧室位置互换，将客厅放在采光通风更好的区域。

❷ 原客厅作为书房兼衣帽间，与主卧形成了大套间。

❸ 玄关右转就是餐厅，右手边做了一整面 600mm 厚的定制柜，大大增加了储物空间。

▲ 优化后平面图

3. 更改门洞

▲

▲ 原始平面图

▲ 优化后平面图

户型问题

户型中主卧的门洞开口位置不太合适，导致进出主卧与进出客餐厅的动线重复，毫无隐私可言。

优化方法

❶ 将原有主卧门洞堵塞，使进出主卧的路线与进出客餐厅的路线分离，保证主卧的隐私性。

❷ 改变卫生间门的位置，保证主卧到卫生间的动线最短。

▲ 原始平面图

户型问题

户型中的隔断墙设置得较零碎，令空间中出现较多的过道，并且许多功能空间的进入方式非常不便；邻近客卫的房间用处尴尬，且入门位置很别扭。

优化方法

❶ 拆除不当隔墙，降低狭长过道的出现率，形成贯通空间。

❷ 改变若干室内门的开启位置，创造行动便捷的功能空间。

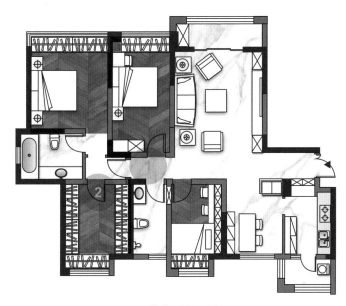

▲ 优化后平面图

第二节 功能空间布局

一、客厅常见布局

沙发＋茶几＋电视柜布局	最常见、最传统的布局方式。茶几与沙发最小距离为300mm，400~500mm是最舒适的距离。电视到沙发的最佳距离为2100mm
面对面布局	将沙发与座椅进行面对面的摆放，沙发与座椅之间的距离要保持在2130~2840mm
围合式布局	在确定一个中心点之后，可以自由组合单椅、躺椅等，形成一种聚集、围合的布局。围合式的客厅进深最起码要大于3100mm
横厅布局	当客厅的进深大于开间时，就是常规的竖厅；而横厅则是开间大于进深。普通竖厅的开间为4~5m，而横厅的开间一般为6~8m

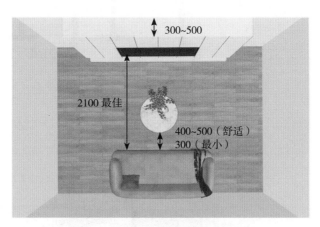

300~500

2100 最佳

400~500（舒适）
300（最小）

▲ 沙发＋茶几＋电视柜布局示意图1

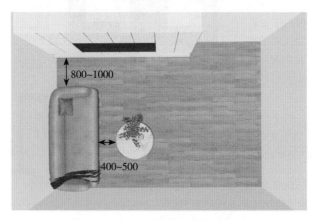

800~1000

400~500

▲ 沙发＋茶几＋电视柜布局示意图2

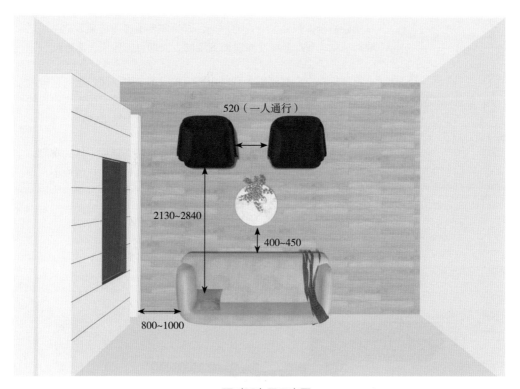

▲ 面对面布局示意图

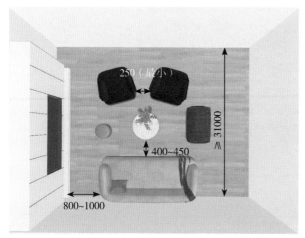

▲ 围合式布局示意图

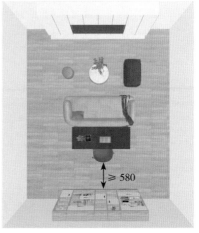

▲ 横厅布局示意图

二、餐厅常见布局

独立式布局	比较适合面积较大一点的户型，因为需要给餐厅单独划出一块区域。独立式餐厅只要注意餐椅到墙的距离即可，保证人能通行
角落式布局	比较适合小户型使用，可以在很大程度上节省空间。把餐桌椅放在角落里，应注意餐椅与墙之间的距离，避免餐椅无法正常拉出的情况。可以选择普通形式的餐椅，也可以选择卡座形式
一体式布局	有时候餐厅会与客厅或是厨房相连，那么就会形成一体式布局。这种开放式的格局，可以让空间看起来更开阔，在大户型或小户型中都很适用

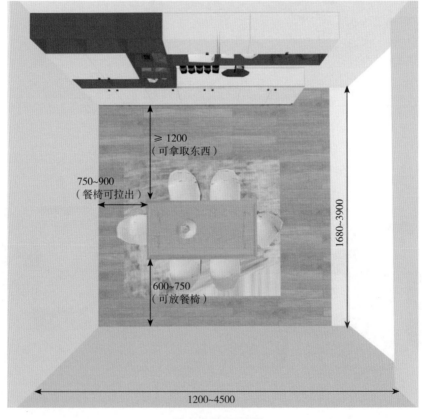

▲ 独立式布局示意图

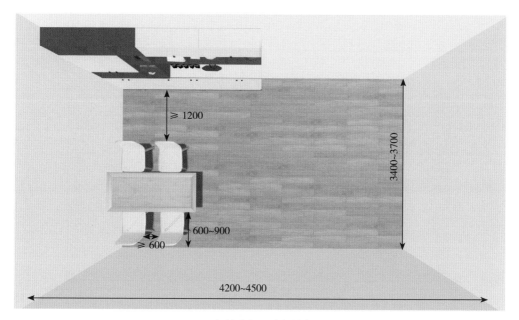

▲ 角落式布局（餐椅）示意图

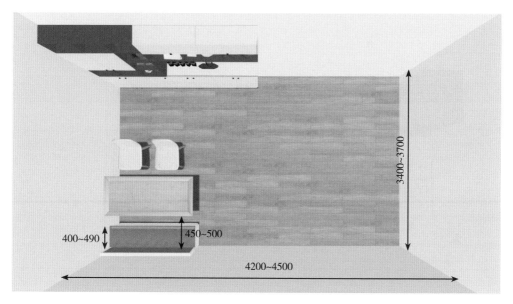

▲ 角落式布局（卡座）示意图

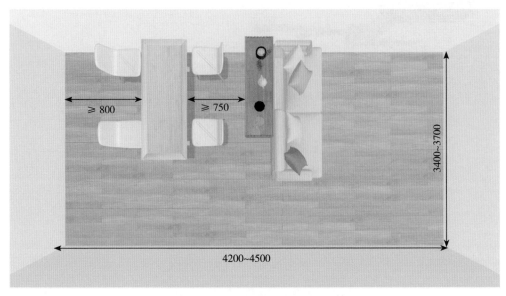

≥ 800

≥ 750

3400~3700

4200~4500

▲ 一体式布局（与客厅相连）示意图

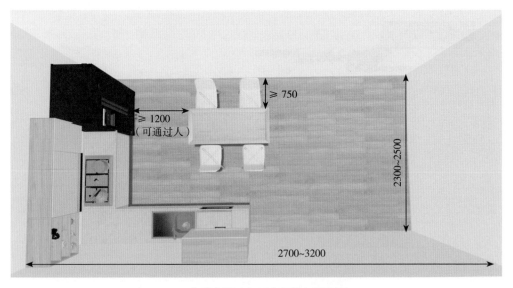

≥ 750

≥ 1200
（可通过人）

2300~2500

2700~3200

▲ 一体式布局（与厨房相连）示意图

三、卧室常见布局

U形布局	这种布局，床的位置一般在卧室中央，所以床四周通道的距离最起码预留出500~600mm，保证一人可通过；如果要进行打扫、拉开衣柜门等活动，则需要预留出940~1380mm的距离
L形布局	这种布局，床的位置不在卧室中央，但是床四周通道的距离也是最少预留出500~600mm，保证一人可通过；如果要进行打扫、拉开衣柜门等活动，可以预留出940~1380mm的距离

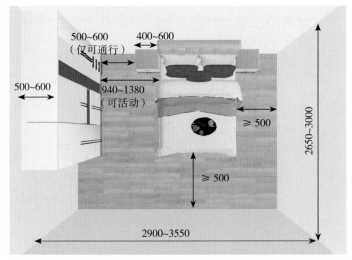

▲U形布局示意图

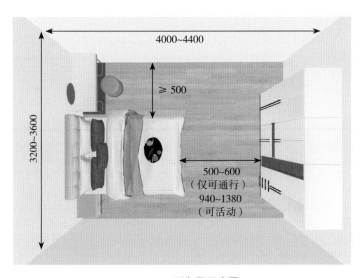

▲L形布局示意图

四、衣帽间常见布局

一字形布局	一字形布局要求衣帽间的宽度至少为1600mm，将衣柜呈一字形排开，可以加入换衣凳和换衣镜，使用更加方便
二字形布局	二字形布局就是将两排衣柜靠墙摆放，中间留出通道方便走动。对于二字形衣帽间，建议宽度在2400mm以上，这样才能保证中间通道距离足够；如果衣帽间宽度不够，中间通道距离可以压缩到860~910mm
L形布局	L形布局需要整个空间比较方正，但是对尺寸并没有太高的要求。如果空间足够，中间可以再放一个岛台
U形布局	U形布局需要5~7㎡的空间，更适合正方形的空间。U形中间的活动区域宽度最好有2000mm，空间最小尺寸为长2500mm×宽1500mm

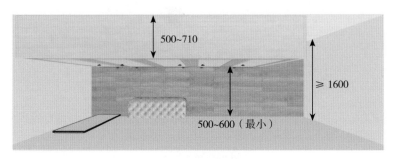

▲ 一字形布局示意图

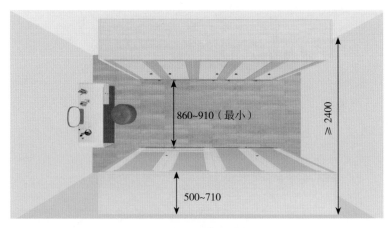

▲ 二字形布局示意图

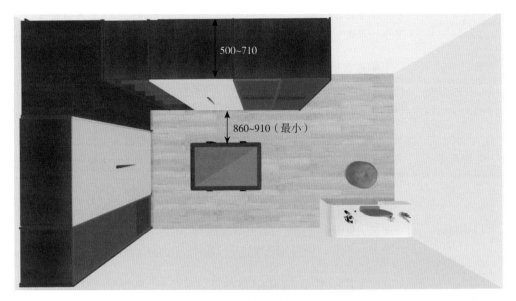

▲ L 形布局示意图

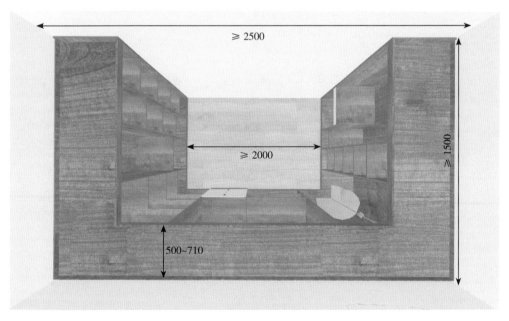

▲ U 形布局示意图

五、厨房常见布局

一字形布局	一字形布局的进深至少为3350mm，宽度在1500mm以上，才能放得下基本的设备
二字形布局	二字形布局是指沿厨房两侧较长的墙并列布置橱柜，将水槽、燃气灶、操作台设为一边，将配餐台、储藏柜、冰箱等电器设备设为另一边。二字形布局的进深和宽度至少为2000mm
L形布局	L形布局就是将台柜、设备贴在相邻墙上连续布置，一般会将水槽设在靠窗台处，而灶台设在贴墙处，上方挂置抽油烟机。L形布局需要厨房进深在2700mm以上，宽度在1500mm以上
U形布局	U形布局就是将厨房相邻三面墙均设置橱柜及设备，相互连贯，操作台面长，储藏空间充足。橱柜围合而产生的空间可供使用者站立，左右转身灵活方便。U形布局进深和宽度都保持在2000mm以上
岛形布局	在较为开阔的U形或L形厨房的中央，设置一个独立的灶台或餐台，即岛形布局。在中央独立型的橱柜上可单独设置一些其他设施，如灶台、水槽、烤箱等，也可将岛形橱柜作为餐台使用。岛形布局进深至少为3100mm，宽度在3700mm以上

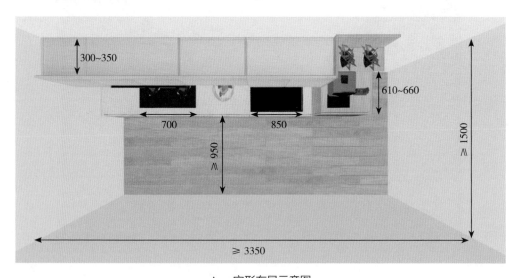

▲ 一字形布局示意图

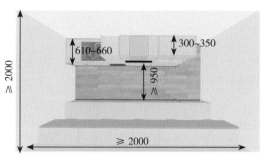

▲ 二字形布局示意图

▲ L 形布局示意图

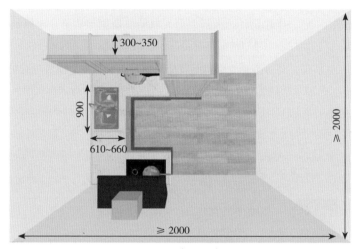

▲ U 形布局示意图

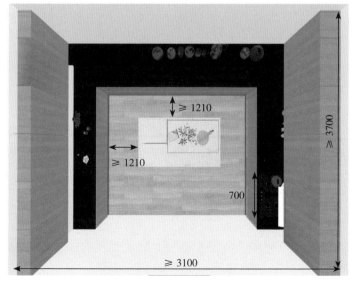

▲ 岛形布局示意图

六、书房常见布局

一字形布局	将书桌、书柜靠一面墙布置，所在的这面墙长度至少要有2400mm。这样的布局比较简单
L形布局	将书柜与书桌靠墙角布置，形成直角，这种布局占地面积小，但空间面积最小要在3200mm×2000mm
U形布局	将书桌布置在书房较长的墙面中央，两侧分别布置书柜、置物柜、榻榻米等家具，这种布局可以最大限度地利用空间
一体式布局	客房兼书房是现在比较流行的设计，打造榻榻米+收纳柜+书桌一体化设计，兼具办公、收纳、留宿等功能。榻榻米的长度最好为1500~2000mm，宽度大于700mm
独立式布局	将一个独立的房间设为书房，对家居住宅户型与面积有一定要求。一般小户型空间紧凑，用一个房间作为书房会比较困难

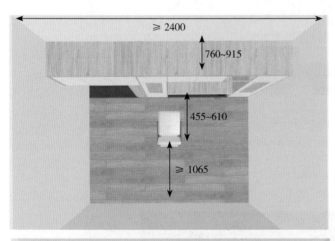

◀一字形布局示意图

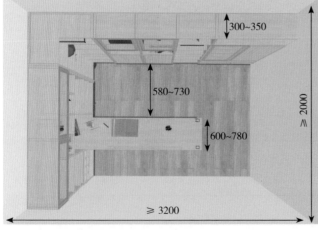

◀L形布局示意图

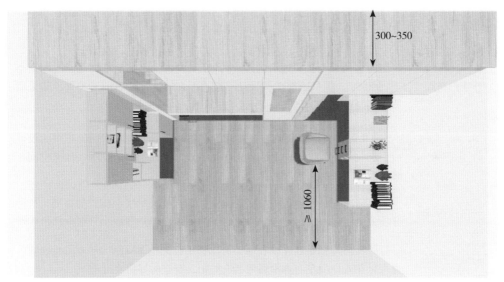

300~350

≥1060

▲ U 形布局示意图

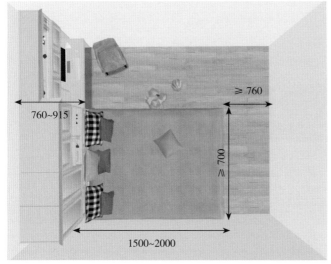

760~915

≥ 760

≥ 700

1500~2000

◀ 一体式布局示意图 1

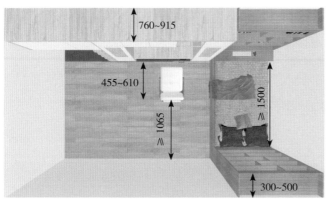

760~915

455~610

≥1065

≥1500

300~500

▲ 一体式布局示意图 2

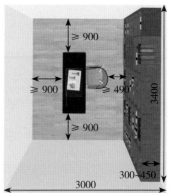

≥ 900

≥ 900

≥ 490

≥ 900

3400

300~450

3000

▲ 独立式布局示意图

七、玄关常见布局

一字形布局	因为玄关需要保留通行的距离为900~1200mm，如果墙体之间的距离小于1500mm，则只能在单侧设计一组进深在350mm左右的玄关柜；如果墙体之间的距离大于1500mm，则可在双侧放置玄关柜
L形布局	对于L形玄关，进门第一眼看到的就是墙，可以在入户门的正对面设计一个玄关柜，深度在350mm以上。与入户门垂直的另一面墙，如果空间足够，也可以在这里定制柜体
一体式布局	餐厅有时候会与客厅或是厨房相连，那么就会形成一体式的布局。这种开放式的格局，可以让空间看起来更开阔，在大户型或小户型中都很适用
开放式布局	打开入户门就是客厅或餐厅，可以利用玄关柜做隔断，从而阻止视线。也可以在入户门左右侧沿墙定制玄关柜，让空间显得更开阔

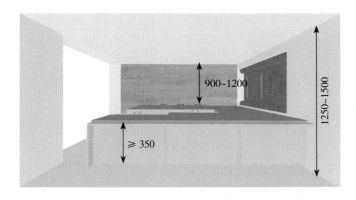

◀一字形布局示意图

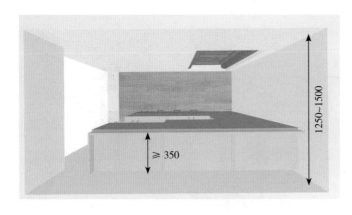

◀L形布局示意图1

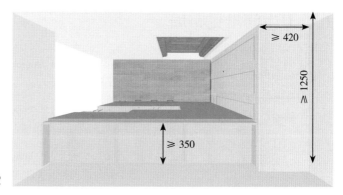

▶ L 形布局示意图 2

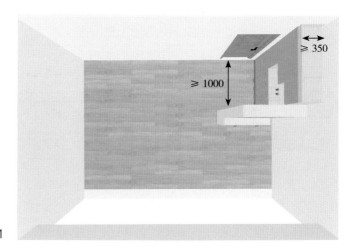

▶ 开放式布局示意图 1

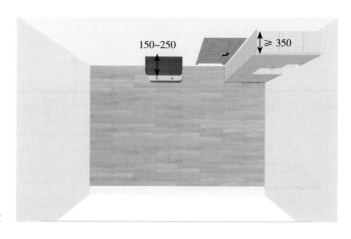

▶ 开放式布局示意图 2

八、卫生间常见布局

纵向布局	在卫生间的进深大于等于1700mm、宽度大于等于1500mm的情况下，可以考虑兼用型布置
横向布局	在卫生间的进深大于等于1500mm、宽度大于等于2100mm的情况下，可以考虑横向干湿两分离布置
折中式布局	在卫生间的进深大于等于1500mm、宽度大于等于2400mm的情况下，可以考虑干湿分离的折中式布置
独立式布局	在卫生间的进深大于等于1800mm、宽度在3800~4000mm的情况下，若面积足够大，可以将各区域各自独立布置

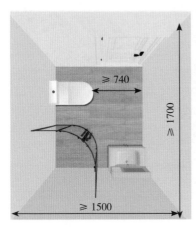

▲ 纵向布局示意图

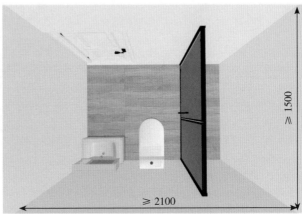

▲ 横向布局示意图

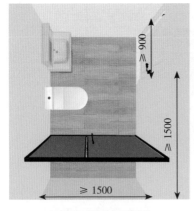

▲ 折中式布局示意图

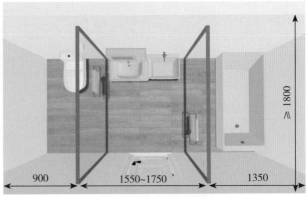

▲ 独立式布局示意图

第二章

室内人体工程学

人体工程学可以帮助设计师设计出更舒适、安全、健康的室内环境，所以熟知相关的尺度与数据，对设计而言非常重要。在本章中，围绕人体工程学，分别从人体尺寸与家具尺寸和人体活动空间尺度两个方向入手，不仅给出家具参考尺寸，还给出空间布置尺寸，能帮助设计师更快地查询数据，从而设计出安全、健康、高效能和舒适的居住环境。

第一节　人体尺寸与家具尺寸参考

一、人体尺寸参考

人体尺寸是建筑室内外空间设计以及产品设计的基础，良好的尺度和空间可以给人创造良好的生活和工作情境，使人与机器、空间的交互关系更为科学。

1. 静态人体参考尺寸

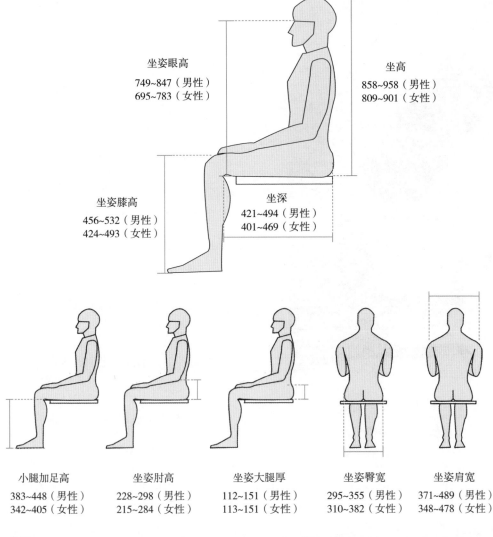

坐姿眼高
749~847（男性）
695~783（女性）

坐高
858~958（男性）
809~901（女性）

坐姿膝高
456~532（男性）
424~493（女性）

坐深
421~494（男性）
401~469（女性）

小腿加足高
383~448（男性）
342~405（女性）

坐姿肘高
228~298（男性）
215~284（女性）

坐姿大腿厚
112~151（男性）
113~151（女性）

坐姿臀宽
295~355（男性）
310~382（女性）

坐姿肩宽
371~489（男性）
348~478（女性）

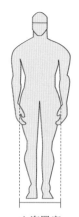

立姿臀宽
282~334（男性）
290~346（女性）

立姿胸厚
186~245（男性）
170~239（女性）

肩宽
409~481（男性）
377~444（女性）

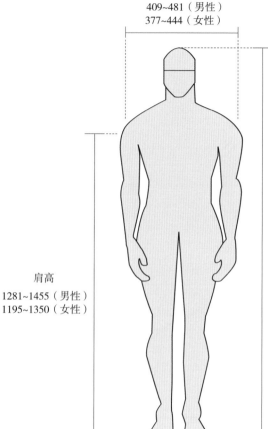

平均身高
1583~1775（男性）
1483~1659（女性）

肩高
1281~1455（男性）
1195~1350（女性）

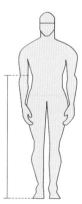

胫骨点高
409~481（男性）
377~444（女性）

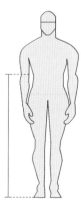

立姿肘高
1195~1350（男性）
899~1023（女性）

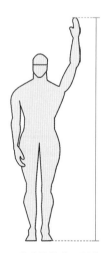

立姿中指指尖上举高
1971~2245（男性）
1845~2089（女性）

047

2. 动态人体参考尺寸

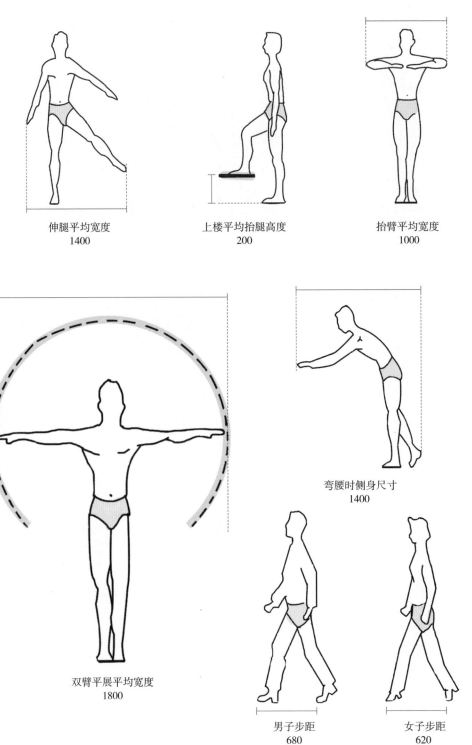

伸腿平均宽度
1400

上楼平均抬腿高度
200

抬臂平均宽度
1000

弯腰时侧身尺寸
1400

双臂平展平均宽度
1800

男子步距
680

女子步距
620

半蹲时侧身尺寸
1200

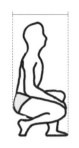

下蹲时侧身尺寸
900

跪姿侧身尺寸
1600

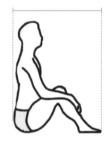

坐下时侧身尺寸（不伸腿）
800

坐下时侧身尺寸（伸腿）
1600

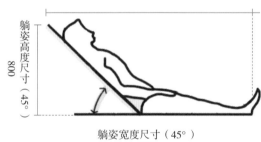

躺姿高度尺寸（45°）
800

躺姿宽度尺寸（45°）
1800

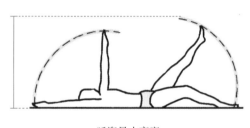

睡姿最小高度
1000

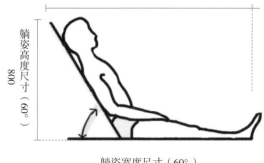

躺姿高度尺寸（60°）
800

躺姿宽度尺寸（60°）
1600

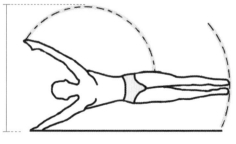

睡姿最小宽度
1200

二、 常用家具尺寸参考

家具是设计师设计和规划内部空间的重要道具，室内的空间由家具进行分区、隔断、装点，因而在布置时，选用合适的家具尺度便是其中的重中之重。家具按照功能可划分为坐卧类家具、凭倚类家具、收纳类家具、陈设类家具。

1. 坐卧类家具尺寸

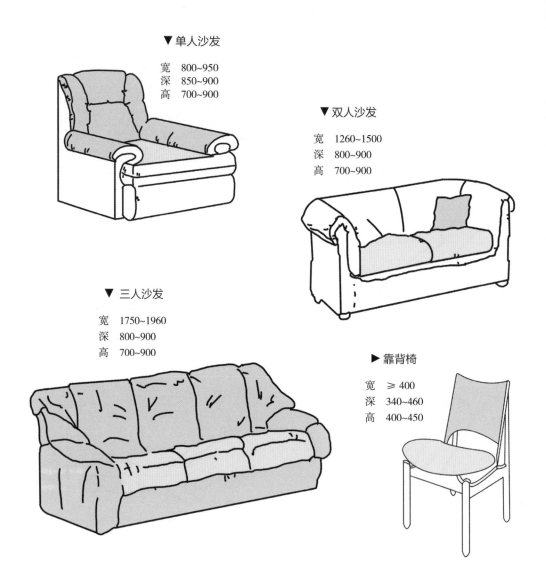

▼ 单人沙发

宽　800~950
深　850~900
高　700~900

▼ 双人沙发

宽　1260~1500
深　800~900
高　700~900

▼ 三人沙发

宽　1750~1960
深　800~900
高　700~900

▶ 靠背椅

宽　≥400
深　340~460
高　400~450

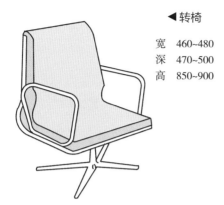

◀转椅

宽　460~480
深　470~500
高　850~900

▼ 轻便椅

宽　≥ 480
深　400~480
高　400~440

▼ 婴儿床

长　1000~1250　宽　550~700　高　900~1100

▼ 单人床

长　　　　　　1900~2200
宽　　　　　　700~1200
高（不放床垫）　≤ 450

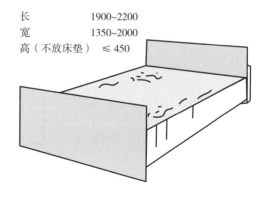

▼ 双层床

长　　　　　　1900~2020
宽　　　　　　800~1520
高（不放床垫）　≤ 450

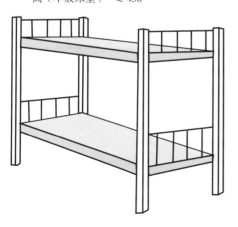

▼ 双人床

长　　　　　　1900~2200
宽　　　　　　1350~2000
高（不放床垫）　≤ 450

2. 凭倚类家具尺寸

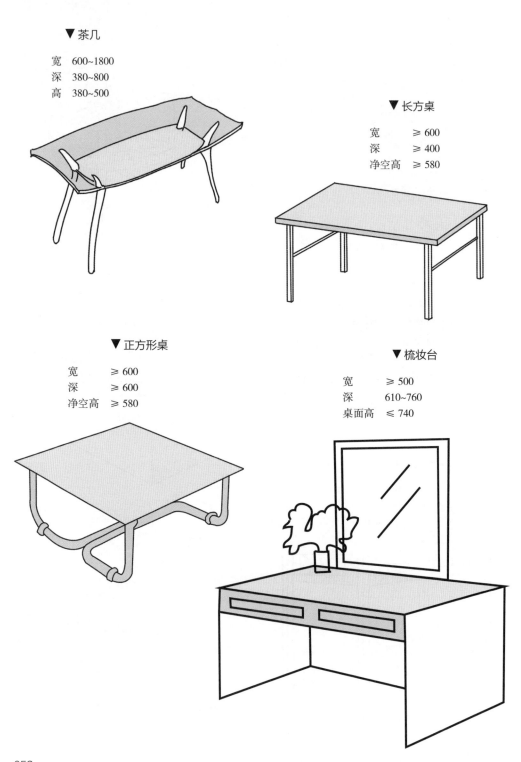

▼ 茶几

宽　600~1800
深　380~800
高　380~500

▼ 长方桌

宽　　　≥ 600
深　　　≥ 400
净空高　≥ 580

▼ 正方形桌

宽　　　≥ 600
深　　　≥ 600
净空高　≥ 580

▼ 梳妆台

宽　　　≥ 500
深　　　610~760
桌面高　≤ 740

◀单柜书桌

宽　900~1500
深　500~750
高　780

▼双柜书桌

宽　1200~2400
深　600~1200
高　780

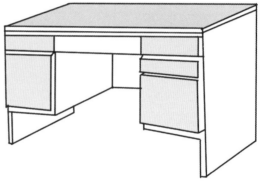

▼站立式工作桌

宽　500~1100
深　400~500
高　950~1050

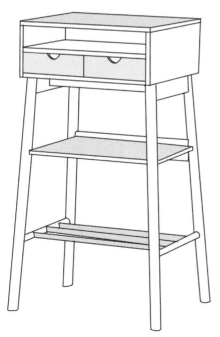

▼圆桌

直径　　≥ 600
净空高　≥ 580

3. 收纳类家具尺寸

▼ 壁柜

宽　800~1800
深　400~550
高　1500~2000

▶ 五斗柜

宽　900~1350
深　500~600
高　1000~1200

▶ 床头柜

宽　400~600
深　300~450
高　450~760

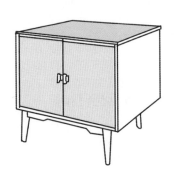

▼ 书柜

宽　600~900
深　300~400
高　1200~2200

▼ 双门衣柜

宽　1000~1200
深　530~600
高　2200~2400

▼ 三门衣柜

宽　1200~1350
深　530~600
高　2200~2400

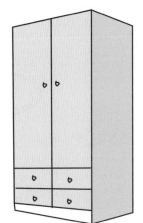

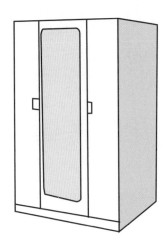

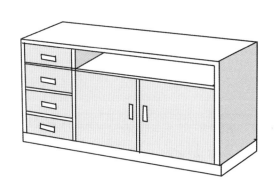

► 餐边柜

宽　800~1800
深　350~400
高　600~1000

▼ 玄关雨伞柜

宽　800~1200
深　250~300
高　650~1200

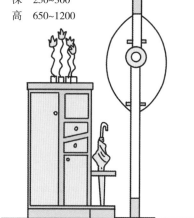

► 厨房收纳柜

宽　400~1200
深　350~500
高　800~1200

▼ 衣帽柜

宽　无要求，可根据空间具体规划
深　350~430
高　1350~1650

► 玄关鞋柜

宽　800~1200
深　250~300
高　650~1200

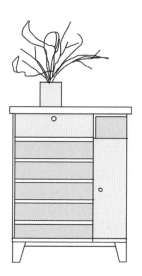

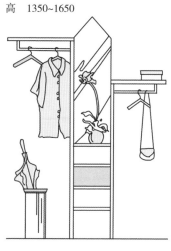

4. 陈设类家具尺寸

▼ 玄关花架

宽　350~400
深　350~400
高　800~870

▼ 玄关壁柜

宽　800~1500　深　300~400　高　1600~2000

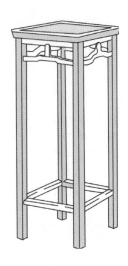

▼ 装饰柜

宽　800~1500
深　300~450
高　1500~1800

▼ 电视柜

宽　800~2000　　深　350~500　　高　400~550

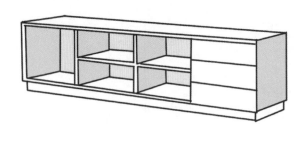

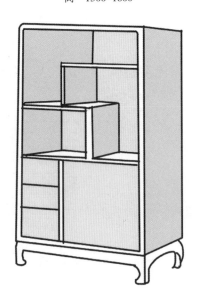

第二节　人体活动空间尺度

一、客厅空间尺度要求

　　客厅是家庭生活中使用最频繁、动线最复杂、功能最多样的空间之一，它是家庭成员的聚会场所，也是空间组织的重头戏，因而客厅中的尺度要达到舒适、宽敞的要求。合理把控家具与人、家具与家具之间的尺度关系是进行室内设计的基础之一。

1. 聚会与交流尺度

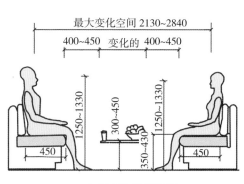

▲ 沙发与沙发间距

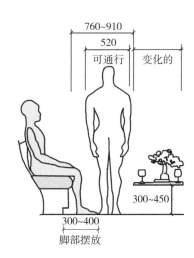

▲ 茶几与沙发间距

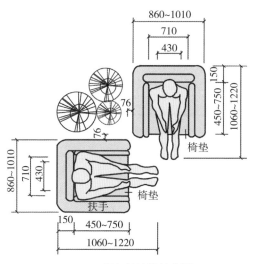

▲ 拐角处沙发椅布置

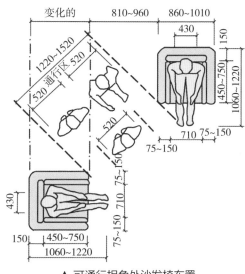

▲ 可通行拐角处沙发椅布置

2. 视听区尺度

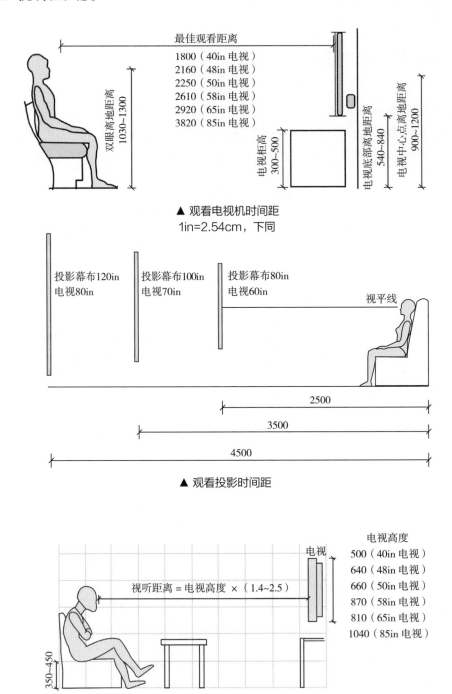

最佳观看距离
1800（40in 电视）
2160（48in 电视）
2250（50in 电视）
2610（58in 电视）
2920（65in 电视）
3820（85in 电视）

双眼离地距离 1030~1300

电视柜高 300~500

电视底部离地距离 540~840

电视中心点离地距离 900~1200

▲ 观看电视机时间距
1in=2.54cm，下同

投影幕布120in
电视80in

投影幕布100in
电视70in

投影幕布80in
电视60in

视平线

2500
3500
4500

▲ 观看投影时间距

视听距离 = 电视高度 × （1.4~2.5）

电视

350~450

电视高度
500（40in 电视）
640（48in 电视）
660（50in 电视）
870（58in 电视）
810（65in 电视）
1040（85in 电视）

▲ 老年人视听距离

二、　餐厅空间尺度要求

　　餐厅是家庭成员用餐的场所，其整体的家具布置形式以及家具与人的合理关系是设计的重点。餐厅一般与厨房和客厅相连，所以餐厅空间的合理布置，关乎空间的合理利用。

1. 就餐区尺度

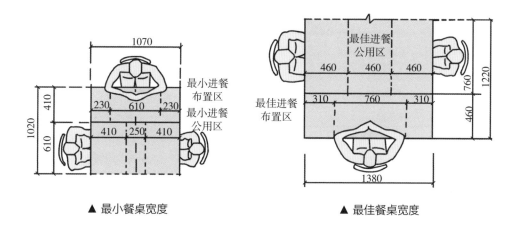

▲ 最小餐桌宽度　　　　　　　　　　　▲ 最佳餐桌宽度

▲ 六人用矩形餐桌

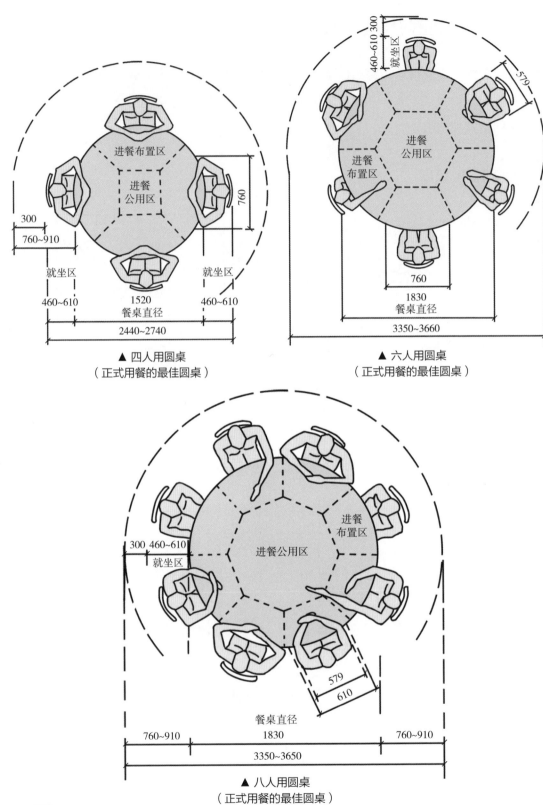

▲ 四人用圆桌
（正式用餐的最佳圆桌）

▲ 六人用圆桌
（正式用餐的最佳圆桌）

▲ 八人用圆桌
（正式用餐的最佳圆桌）

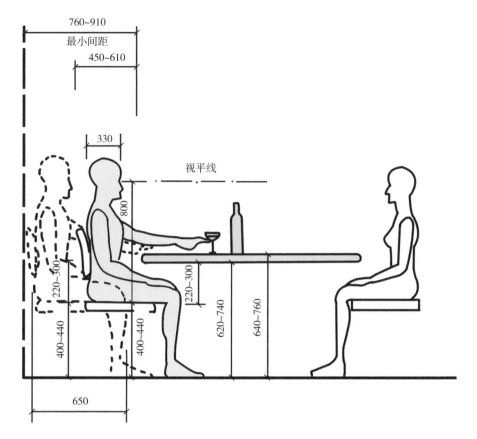

▲ 最小就坐间距（不能通行）

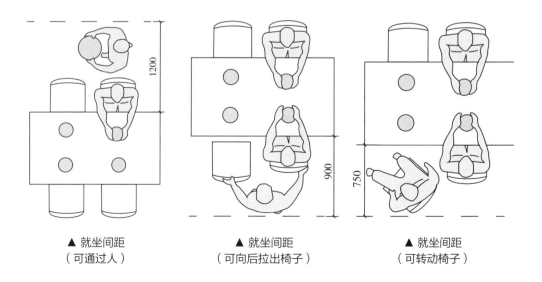

▲ 就坐间距
（可通过人）

▲ 就坐间距
（可向后拉出椅子）

▲ 就坐间距
（可转动椅子）

2. 餐厅收纳尺度

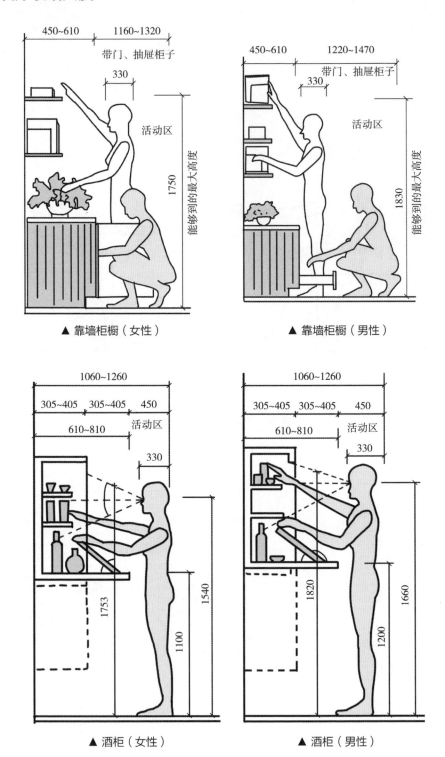

▲ 靠墙柜橱（女性）

▲ 靠墙柜橱（男性）

▲ 酒柜（女性）

▲ 酒柜（男性）

三、　卧室空间尺度要求

卧室是供人休憩的地方，具有私密性、静谧性。因而在卧室的布置时需要尽可能符合人的作息习惯，创造适宜、方便的卧室空间。

1. 单人卧室尺度

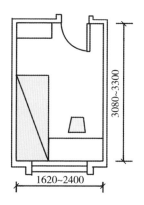

▲ 纵向卧室单人床布置

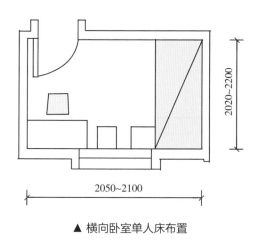

▲ 横向卧室单人床布置

2. 标准双人床卧室尺度

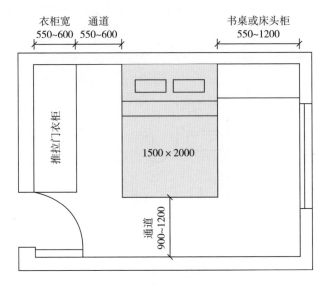

▲ 标准双人床卧室平面尺寸

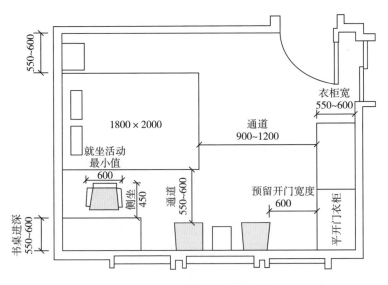

▲ 大双人床卧室平面尺寸

3. 标准双床卧室尺度

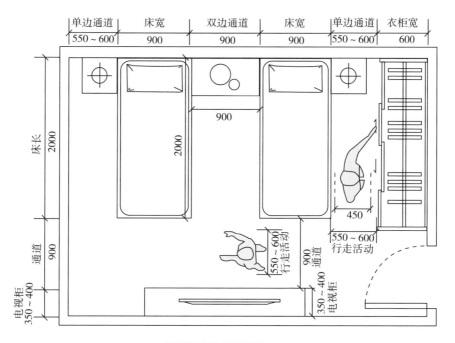

▲ 标准双床卧室平面尺寸

4. 带婴儿床卧室尺度

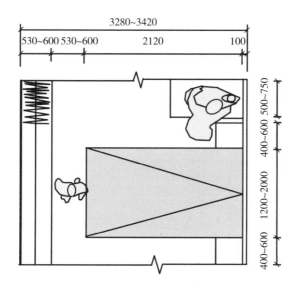

▲ 带婴儿床卧室平面尺寸

5. 双层床卧室尺度

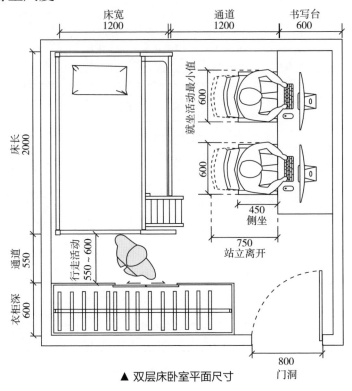

▲ 双层床卧室平面尺寸

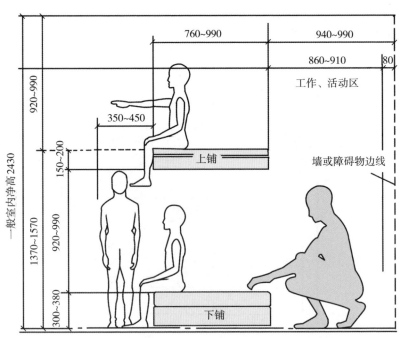

▲ 儿童双层床立面尺寸

6. 视听区尺度

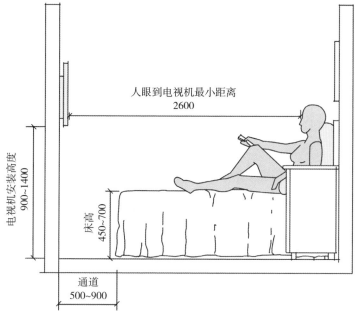

人眼到电视机最小距离
2600

电视机安装高度
900~1400

床高
450~700

通道
500~900

▲ 卧室视听区尺寸

7. 梳妆区尺度

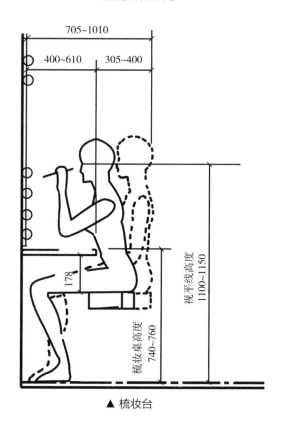

705~1010

400~610　305~400

178

梳妆桌高度
740~760

视平线高度
1100~1150

▲ 梳妆台

8. 衣柜区尺度

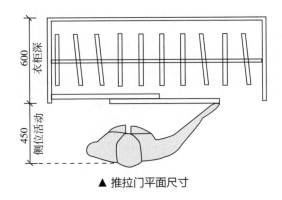

▲ 推拉门平面尺寸

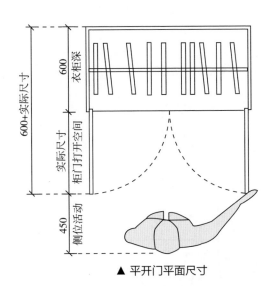

▲ 平开门平面尺寸

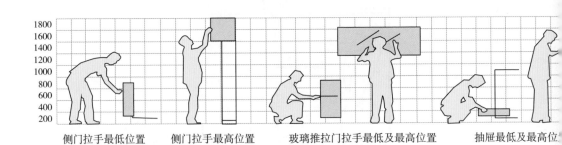

侧门拉手最低位置　　　侧门拉手最高位置　　　玻璃推拉门拉手最低及最高位置　　　抽屉最低及最高位

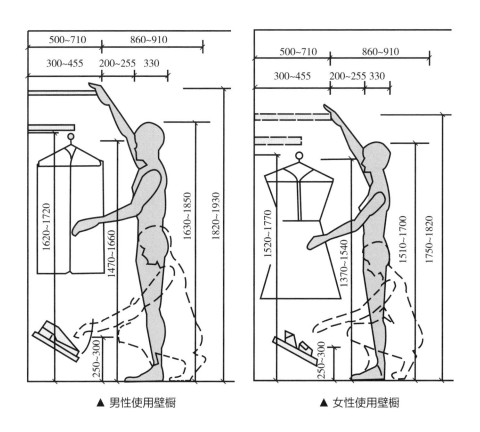

▲ 男性使用壁橱　　　　　　　　▲ 女性使用壁橱

柜子下缘最低位置　　矮柜上皮最高位置　　挂衣棍的最高位置　　挂衣棍的最低位置　　翻门柜的位置

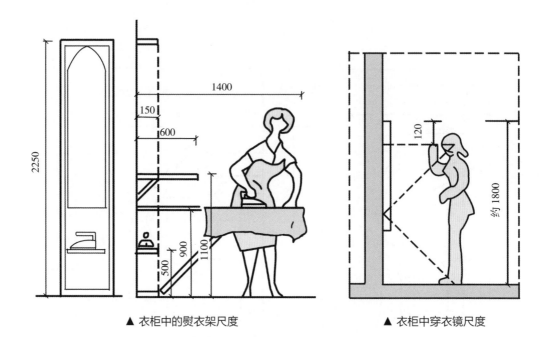

▲ 衣柜中的熨衣架尺度　　　　　　　　▲ 衣柜中穿衣镜尺度

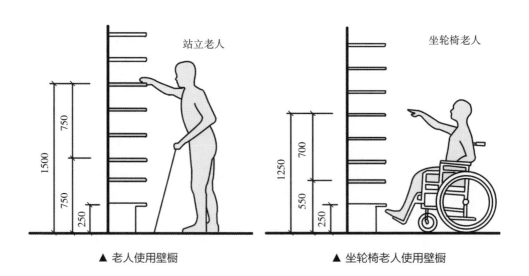

▲ 老人使用壁橱　　　　　　　　　　▲ 坐轮椅老人使用壁橱

四、书房空间尺度要求

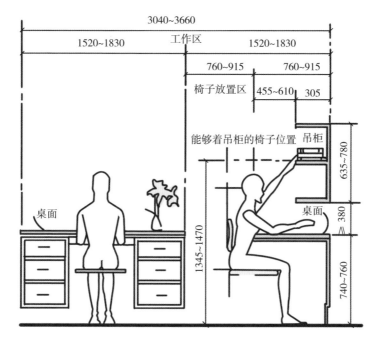

▲ 设有吊柜的书桌使用尺度

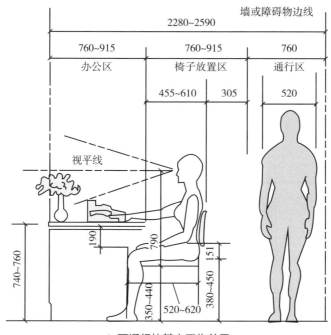

▲ 可通行的基本工作单元

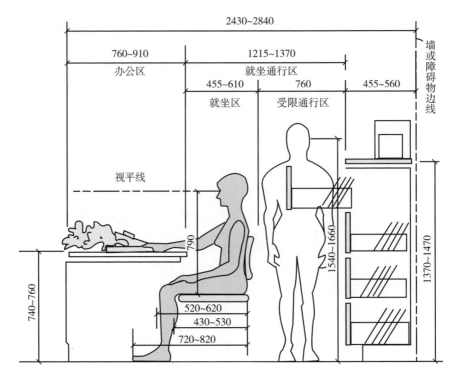

▲ 办公桌、文件柜和受限通行区

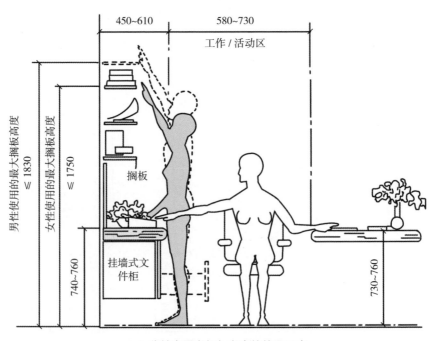

▲ 靠墙布置书柜与书桌的使用尺度

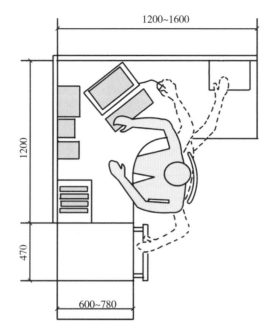

▲ 含电脑书桌平面使用尺度

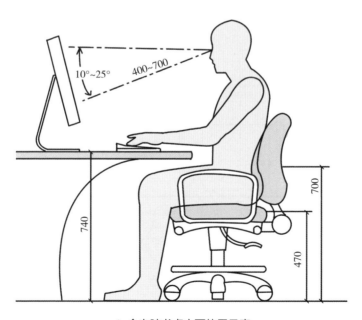

▲ 含电脑书桌立面使用尺度

五、 厨房空间尺度要求

厨房的主要功能是烹调和洗涤，有的还具备就餐功能，是家务劳动进行得最多的区域之一，因而在设计厨房时，更需要考虑人的尺寸和活动尺寸，以便更好地满足需要。

1. 水槽区尺度

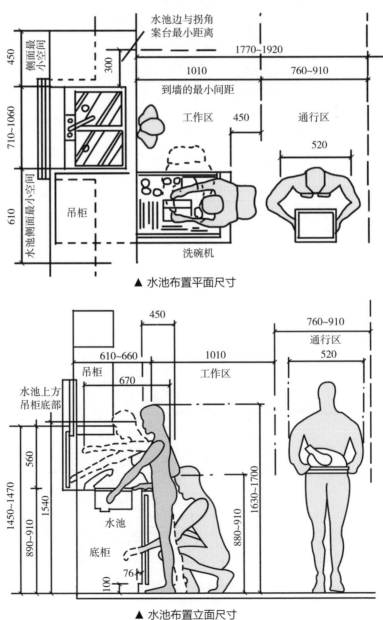

▲ 水池布置平面尺寸

▲ 水池布置立面尺寸

2. 烹饪区尺度

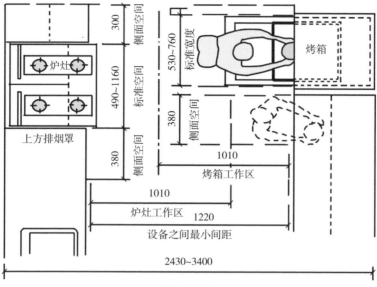

▲ 炉灶布置平面

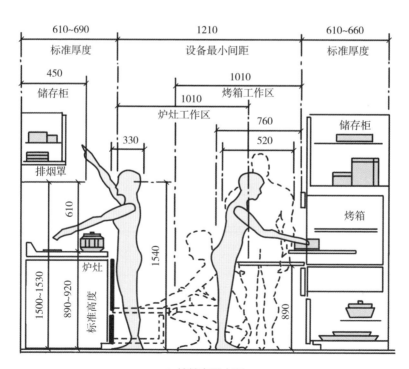

▲ 炉灶布置立面

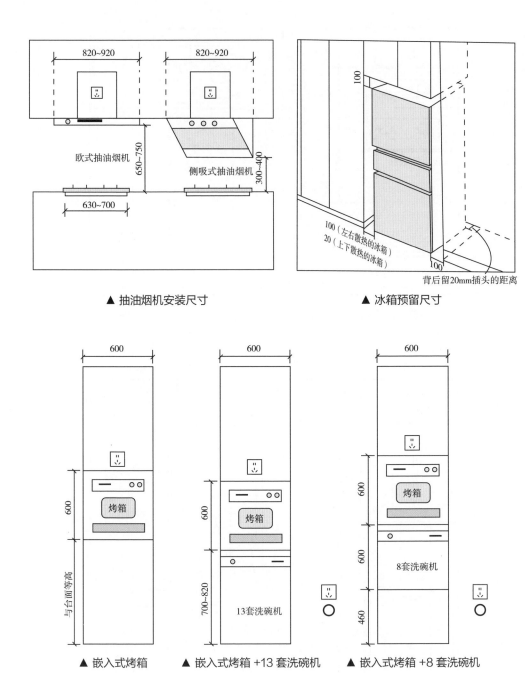

▲ 抽油烟机安装尺寸　　　　　　　　　　　　　▲ 冰箱预留尺寸

▲ 嵌入式烤箱　　　　▲ 嵌入式烤箱 +13 套洗碗机　　　　▲ 嵌入式烤箱 +8 套洗碗机

3. 橱柜安装尺度

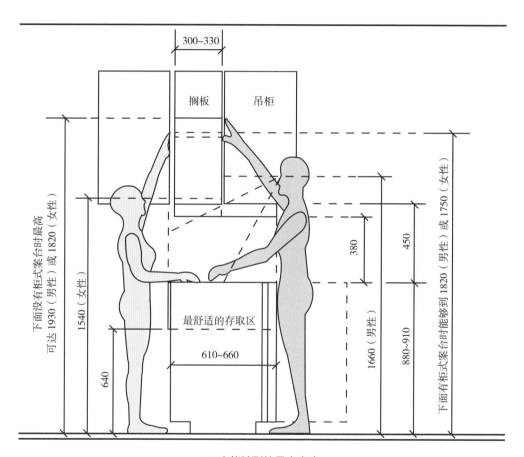

▲ 人能够到的最大高度

六、 卫生间尺度要求

卫生间是住宅空间使用最频繁的区域，但其空间小、管线复杂，因而在设计时有些难度。在布局规划时，应当重视人和设备之间、设备和设备之间的关系。

1. 如厕区尺度

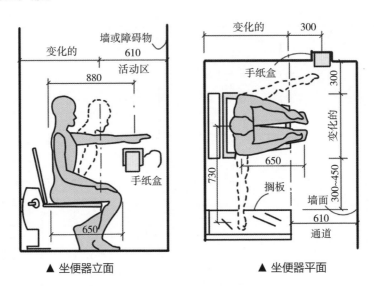

▲ 坐便器立面   ▲ 坐便器平面

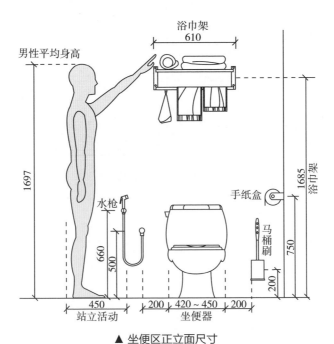

▲ 坐便区正立面尺寸

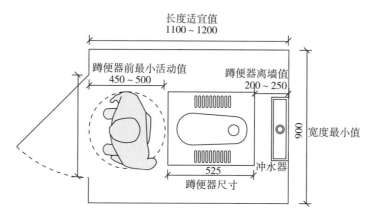

▲ 蹲便区人体活动平面尺寸

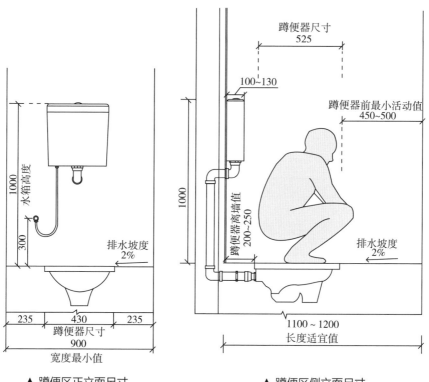

▲ 蹲便区正立面尺寸　　　　　　　　　▲ 蹲便区侧立面尺寸

2. 盥洗区尺度

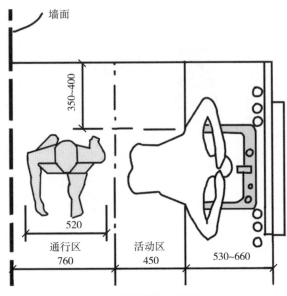

▲ 洗脸盆平面及间距

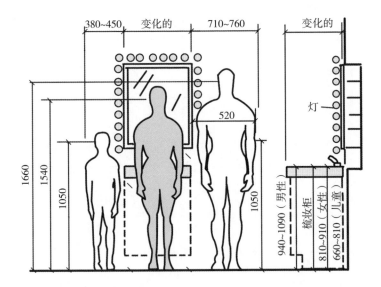

▲ 对于洗脸盆通常需要考虑的尺寸

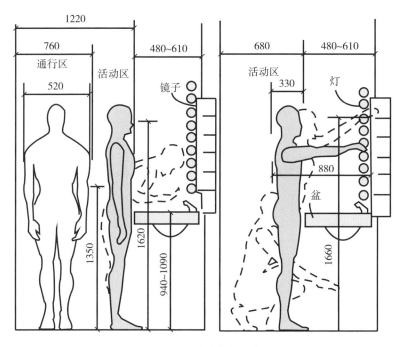

▲ 男性洗脸盆尺寸

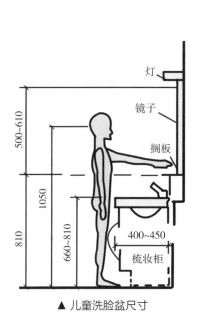

▲ 儿童洗脸盆尺寸

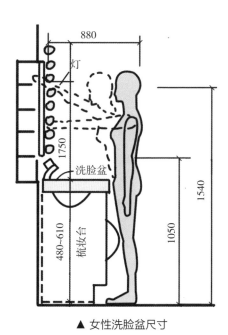

▲ 女性洗脸盆尺寸

3. 洗浴区尺度

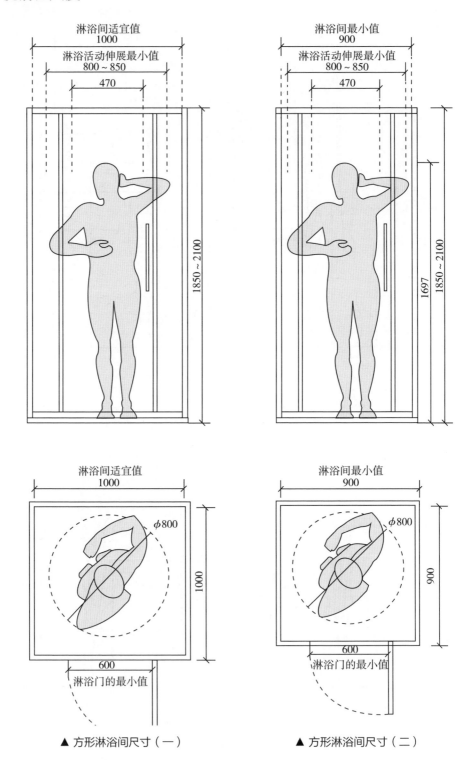

▲ 方形淋浴间尺寸（一）　　　　▲ 方形淋浴间尺寸（二）

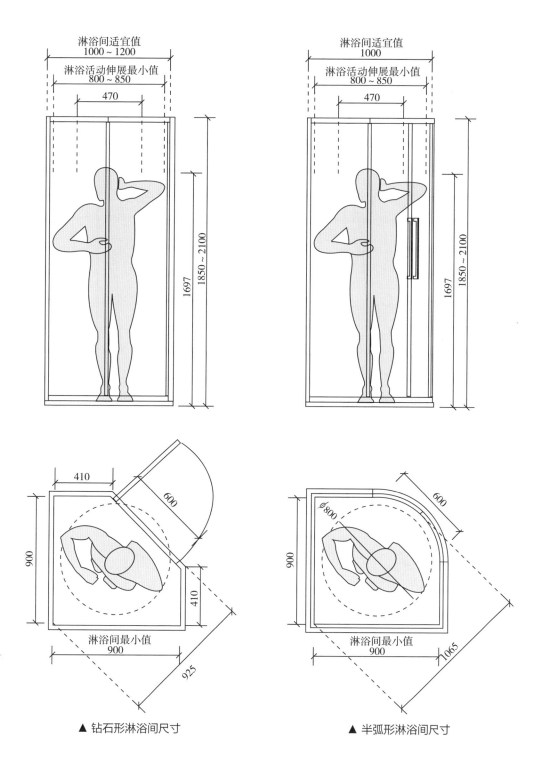

▲ 钻石形淋浴间尺寸　　　　　　　　▲ 半弧形淋浴间尺寸

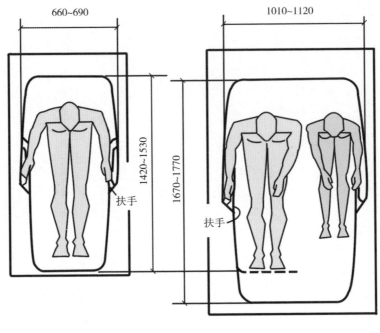

▲ 单人浴缸　　　　　　　　　　▲ 双人浴缸

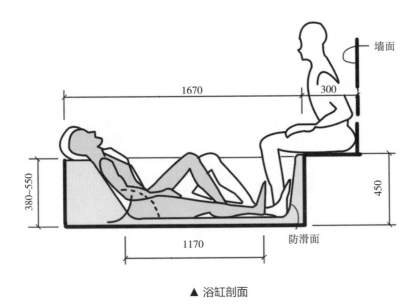

▲ 浴缸剖面

3

第三章

装饰材料与构造

　　装饰构造是指使用建筑装饰材料及其制品对建筑物内外表面部分进行装饰的构造做法。装饰材料是装饰工程的物质基础，不同的装饰材料有不同的构造形式，要达到理想的装饰效果，很大程度上取决于能否正确地选择材料和合理地使用材料。因此在本章中对室内设计常用的装饰材料进行了介绍，针对每一种装饰材料从工艺构造到设计手法，再到材料收口，都是非常实用的内容，能帮助设计师快速了解和运用材料。

第一节　地板

一、常用构造与工法

　　我国目前使用最广泛的安装地板方式是实铺式铺设和架空式铺设两种类型。实铺式中比较常用的铺设方式是悬浮式和胶粘式；架空式中比较常用的铺设方式是毛地板架空和龙骨架空。

适用材料	三维示意图
● 悬浮式铺设法 　　强化地板、实木复合地板等复合型地板	
● 胶粘式铺设法 　　长度在 350mm 以下的长条形实木地板、塑胶地板及软木地板	
● 毛地板架空铺设法 　　实木地板、实木复合地板、强化地板和软木地板	
● 龙骨架空铺设法 　　实木地板、实木复合地板	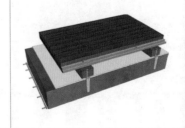

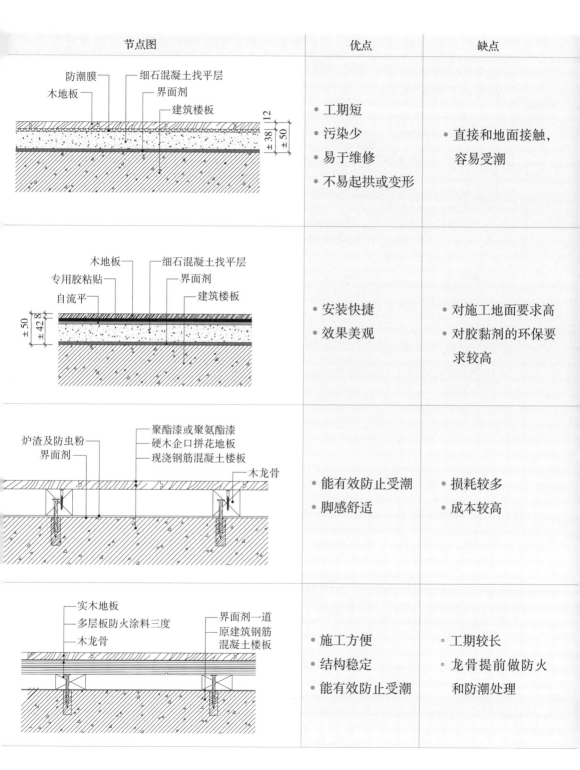

节点图	优点	缺点
	• 工期短 • 污染少 • 易于维修 • 不易起拱或变形	• 直接和地面接触，容易受潮
	• 安装快捷 • 效果美观	• 对施工地面要求高 • 对胶黏剂的环保要求较高
	• 能有效防止受潮 • 脚感舒适	• 损耗较多 • 成本较高
	• 施工方便 • 结构稳定 • 能有效防止受潮	• 工期较长 • 龙骨提前做防火和防潮处理

二、常见设计手法

　　木地板拼贴常规的样式为工字形拼贴，即常见的错落式拼贴，具有拼花设计效果的有田字形、回字形拼贴等样式。可根据具体的空间风格的基调，来选择适合的木地板拼贴样式。

工字形

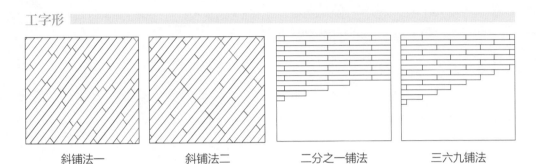

| 斜铺法一 | 斜铺法二 | 二分之一铺法 | 三六九铺法 |

优点： 对材料消耗不大、简单易上手　　**缺点：** 装饰效果一般

人字形

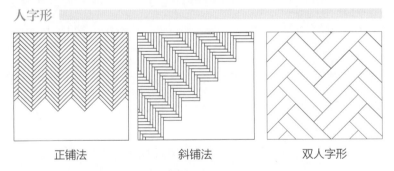

| 正铺法 | 斜铺法 | 双人字形 |

优点： 材料的损耗较小，能增强空间立体感　　**缺点：** 对材料规格要求较高

鱼骨形　　　　　　　　　　　　　　　　　**编篮形**

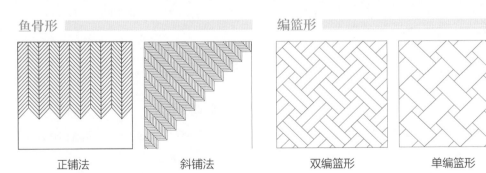

| 正铺法 | 斜铺法 |　　| 双编篮形 | 单编篮形 |

优点： 设计感强，装饰效果最突出　　　　　　**优点：** 视觉效果比凡尔赛形更简单

缺点： 对工人要求更高、材料损耗较大　　　　**缺点：** 在技术上可能对安装要求更高

回字形

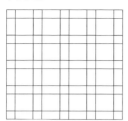

优点：样式非常多，适合的风格较多

缺点：施工难度大、建材耗费大

田字形

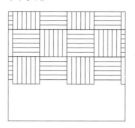

优点：有复古感、趣味性比较强

缺点：施工较难，对材料花纹要求较高

棋盘格形

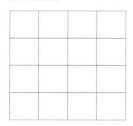

优点：看起来简约但富有变化

缺点：一般需要两种颜色或材质的材料

马赛克形

优点：可以创造出比较有趣的效果

缺点：需要多种材质配合

混合宽度形

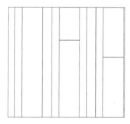

优点：可以创造出比较有趣的效果

缺点：需要多种材质配合

镶嵌图案形

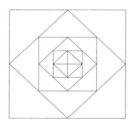

优点：视觉效果最好

缺点：价格最昂贵、损耗最大

3D 形

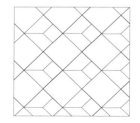

钻石形

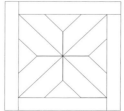

凡尔赛形

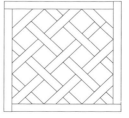

优点：豪华、错综复杂的美观

缺点：施工难度很大

三、 与其他材料收口

能与木地板相接的材料众多，两者或三者相搭配可以产生不同的效果，这些相接处的工艺最重要的地方在于衔接处，一般采用不同形状的收边条做收口，在保证美观的同时能够调节木地板的胀缩。

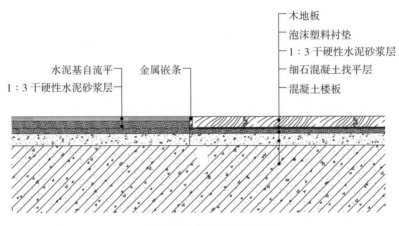

水泥基自流平
1：3干硬性水泥砂浆层
金属嵌条
木地板
泡沫塑料衬垫
1：3干硬性水泥砂浆层
细石混凝土找平层
混凝土楼板

▲ 木地板与自流平相接节点图

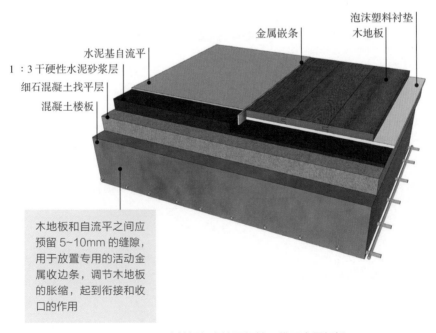

水泥基自流平
1：3干硬性水泥砂浆层
细石混凝土找平层
混凝土楼板
金属嵌条
泡沫塑料衬垫
木地板

木地板和自流平之间应预留 5~10mm 的缝隙，用于放置专用的活动金属收边条，调节木地板的胀缩，起到衔接和收口的作用

▲ 木地板与自流平相接三维示意图解析

木地板

12mm 厚多层板

木龙骨（防火、防腐处理）

橡胶垫

防水层

防护罩面层

环氧磨石集料层

环氧磨石底涂

找平层

界面剂一道

原建筑钢筋混凝土楼板

▲ 木地板与环氧磨石相接节点图

L 形收边条将环氧磨石和木地板分隔开，两者互不影响。铺设木地板时，应离墙保持 10mm 的距离，做伸缩缝，后期可以用踢脚线掩盖

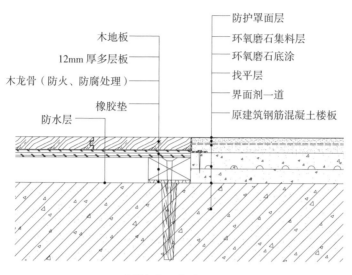

木地板

12mm 厚多层板

防水层

防护罩面层

环氧磨石集料层

环氧磨石底涂

与木地板做找平的找平层

找平层

界面剂一道

木龙骨（防火、防腐处理）

橡胶垫

原建筑钢筋混凝土楼板

▲ 木地板与环氧磨石相接三维示意图解析

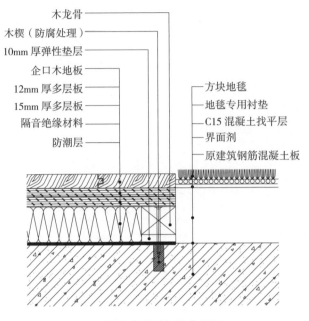

木龙骨
木楔（防腐处理）
10mm 厚弹性垫层
企口木地板
12mm 厚多层板
15mm 厚多层板
隔音绝缘材料
防潮层

方块地毯
地毯专用衬垫
C15 混凝土找平层
界面剂
原建筑钢筋混凝土板

▲ 木地板与块毯相接节点图

木地板与块毯之间无需收边，直接拼接即可。固定多层板时，多层板在安装前要涂刷防火涂料三遍，做防火处理后再用自攻螺钉将多层板进行固定

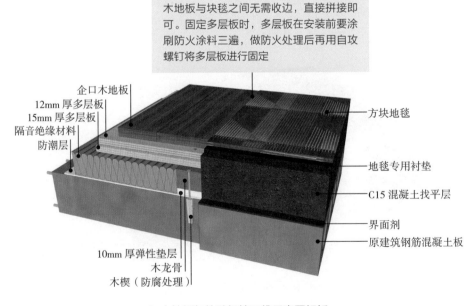

企口木地板
12mm 厚多层板
15mm 厚多层板
隔音绝缘材料
防潮层

方块地毯

地毯专用衬垫

C15 混凝土找平层

界面剂
原建筑钢筋混凝土板

10mm 厚弹性垫层
木龙骨
木楔（防腐处理）

▲ 木地板与块毯相接三维示意图解析

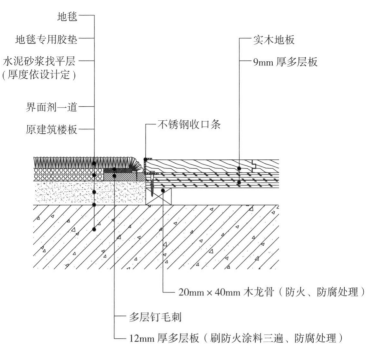

地毯

地毯专用胶垫

水泥砂浆找平层
(厚度依设计定)

界面剂一道

原建筑楼板

实木地板

9mm 厚多层板

不锈钢收口条

20mm×40mm 木龙骨（防火、防腐处理）

多层钉毛刺

12mm 厚多层板（刷防火涂料三遍、防腐处理）

▲ 木地板与满铺地毯相接节点图

U 形不锈钢收口条将木地板的边缘全面地包裹住，能够更加有效地防止翘起。在固定多层板之前，先刷防火涂料三遍，达到防火的效果。使用的多层板一般为 12mm 厚，多层钉毛刺的厚度一般为 5mm

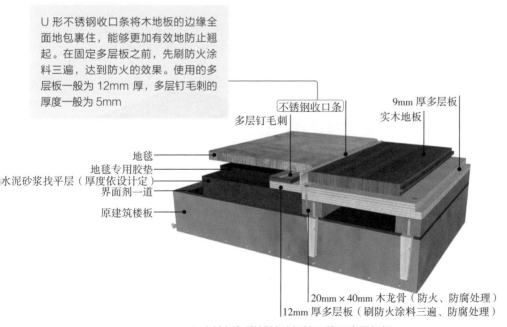

不锈钢收口条

9mm 厚多层板
实木地板

多层钉毛刺

地毯

地毯专用胶垫

水泥砂浆找平层（厚度依设计定）

界面剂一道

原建筑楼板

20mm×40mm 木龙骨（防火、防腐处理）

12mm 厚多层板（刷防火涂料三遍、防腐处理）

▲ 木地板与满铺地毯相接三维示意图解析

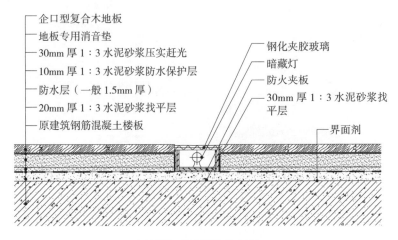

企口型复合木地板
地板专用消音垫
30mm 厚 1：3 水泥砂浆压实赶光
10mm 厚 1：3 水泥砂浆防水保护层
防水层（一般 1.5mm 厚）
20mm 厚 1：3 水泥砂浆找平层
原建筑钢筋混凝土楼板

钢化夹胶玻璃
暗藏灯
防火夹板
30mm 厚 1：3 水泥砂浆找平层

界面剂

▲ 木地板与玻璃相接节点图

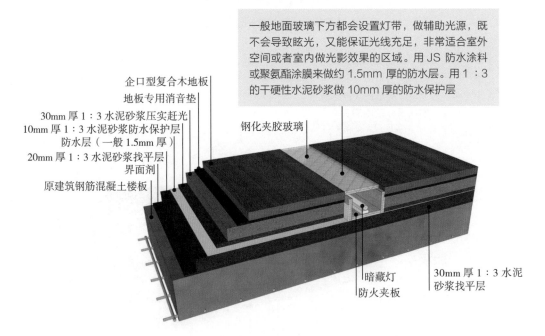

一般地面玻璃下方都会设置灯带，做辅助光源，既不会导致眩光，又能保证光线充足，非常适合室外空间或者室内做光影效果的区域。用 JS 防水涂料或聚氨酯涂膜来做约 1.5mm 厚的防水层。用 1：3 的干硬性水泥砂浆做 10mm 厚的防水保护层

企口型复合木地板
地板专用消音垫
30mm 厚 1：3 水泥砂浆压实赶光
10mm 厚 1：3 水泥砂浆防水保护层
防水层（一般 1.5mm 厚）
20mm 厚 1：3 水泥砂浆找平层
界面剂
原建筑钢筋混凝土楼板

钢化夹胶玻璃

暗藏灯
防火夹板

30mm 厚 1：3 水泥砂浆找平层

▲ 木地板与玻璃相接三维示意图解析

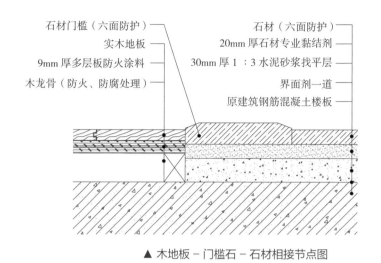

石材门槛（六面防护）
实木地板
9mm 厚多层板防火涂料
木龙骨（防火、防腐处理）

石材（六面防护）
20mm 厚石材专业黏结剂
30mm 厚 1 : 3 水泥砂浆找平层
界面剂一道
原建筑钢筋混凝土楼板

▲ 木地板 – 门槛石 – 石材相接节点图

倒斜边的门槛石收口方式，让人在经过时能够很快地注意到区域的变化，起到提示性的作用，通常用在一些商业空间或者展览空间中

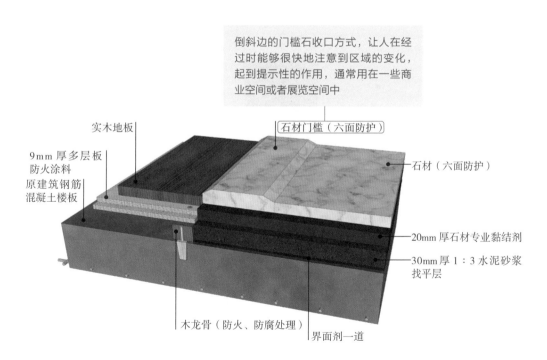

实木地板

石材门槛（六面防护）

9mm 厚多层板防火涂料
原建筑钢筋混凝土楼板

石材（六面防护）

20mm 厚石材专业黏结剂

30mm 厚 1 : 3 水泥砂浆找平层

木龙骨（防火、防腐处理）

界面剂一道

▲ 木地板 – 门槛石 – 石材相接三维示意图解析

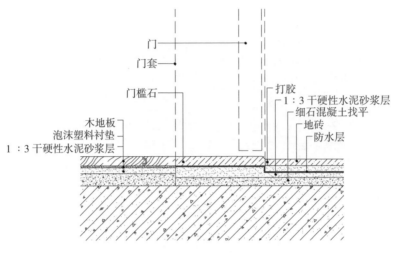

▲ 木地板－门槛石－地砖相接节点图

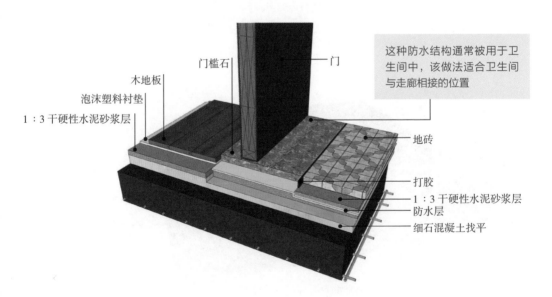

这种防水结构通常被用于卫生间中，该做法适合卫生间与走廊相接的位置

▲ 木地板－门槛石－地砖相接三维示意图解析

木地板
防潮衬垫
水泥砂浆找平层
素水泥一道（内掺建筑胶）
轻集料混凝土垫层
原建筑楼板
地面完成面
成品金属压条
地面完成面

▲ 木地板收边处节点图

金属压条比普通收边条要宽，很容易达到装饰效果，且能够有效防止木地板的翘起

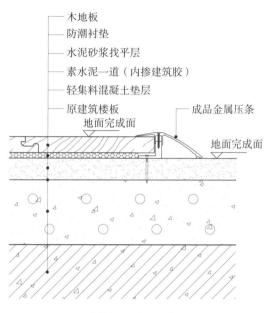

成品金属压条
木地板
防潮衬垫
水泥砂浆找平层
素水泥一道（内掺建筑胶）
轻集料混凝土垫层
原建筑楼板

▲ 木地板收边处三维示意图解析

——● 第二节　石材

应用场景	三维示意图
一、常用构造与工法　石材可锯成薄板，多数经过磨光打蜡，加工成表面光滑的装饰板材。常见的石材安装方式分为干挂法、湿挂法、粘贴法三种，其中干挂法具备其他做法的所有性能优点，也是设计师必须要掌握的施工做法之一。	
● 干挂法　该种做法只适用于石材干挂高度小于 5m 的情况	
● 湿挂法　常用于室外空间	
● 粘贴法　粘贴法可分为湿贴法和干贴法，其中湿贴法能用于墙面和地面，但干贴法只能用于墙面	

节点图	优点	缺点
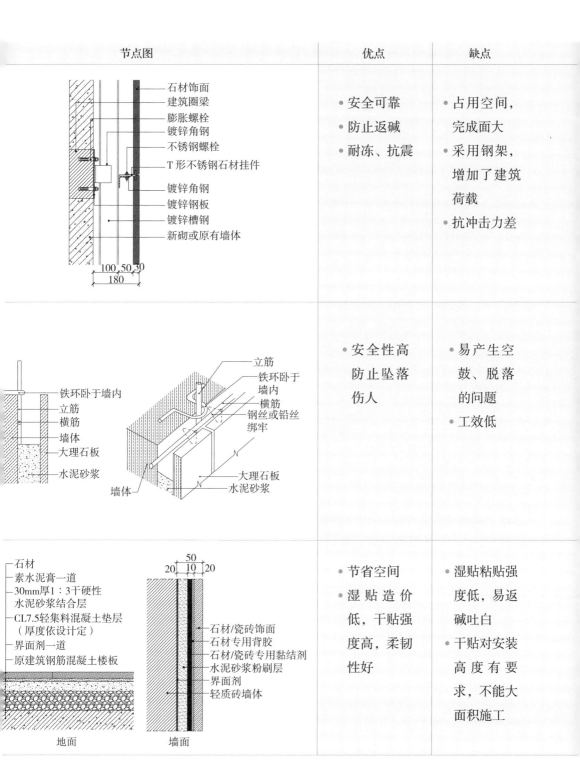	• 安全可靠 • 防止返碱 • 耐冻、抗震	• 占用空间，完成面大 • 采用钢架，增加了建筑荷载 • 抗冲击力差
	• 安全性高防止坠落伤人	• 易产生空鼓、脱落的问题 • 工效低
	• 节省空间 • 湿贴造价低，干贴强度高，柔韧性好	• 湿贴粘贴强度低，易返碱吐白 • 干贴对安装高度有要求，不能大面积施工

第一部分节点图标注：
石材饰面
建筑圈梁
膨胀螺栓
镀锌角钢
不锈钢螺栓
T形不锈钢石材挂件
镀锌角钢
镀锌钢板
镀锌槽钢
新砌或原有墙体
100 50 30
180

第二部分节点图标注：
铁环卧于墙内
立筋
横筋
墙体
大理石板
水泥砂浆
立筋
铁环卧于墙内
横筋
钢丝或铅丝绑牢
大理石板
水泥砂浆
墙体

第三部分节点图标注：
石材
素水泥膏一道
30mm厚1∶3干硬性水泥砂浆结合层
CL7.5轻集料混凝土垫层（厚度依设计定）
界面剂一道
原建筑钢筋混凝土楼板
50
20 10 20
石材/瓷砖饰面
石材专用背胶
石材/瓷砖专用黏结剂
水泥砂浆粉刷层
界面剂
轻质砖墙体
地面
墙面

二、常见设计手法

不同的铺贴方式可呈现出不同的装修效果。石材常见的铺贴样式主要有方格形、菱形、工字形、跳房子形、阶段形、除四边形、走道形、网点形、蜂巢形、回字形、补位形、风车形、人字形等（因为石材与瓷砖的铺贴样式相近，故瓷砖的设计可以参考此部分内容）。

方格形

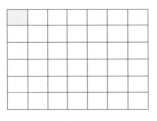

优点： 最简单，施工快

缺点： 装饰效果一般

菱形

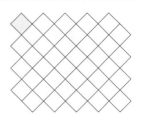

优点： 可以增强空间立体感

缺点： 损耗较大

工字形

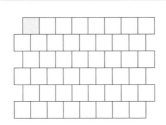

优点： 能削弱狭长空间，减少压抑的感觉

缺点： 只适合长条砖的铺贴，效果一般

跳房子形

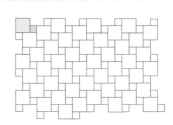

优点： 需要不同规格的材料

缺点： 施工难度大、建材耗费大

阶段形

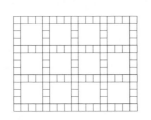

优点： 设计感强，装饰效果突出

缺点： 对工人要求更高，耗损度较大

除四边形

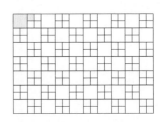

优点： 豪华、错综复杂的美观

缺点： 施工难度很大

走道形

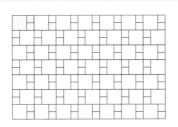

优点： 视觉效果较好

缺点： 安装施工的难度不小

网点形

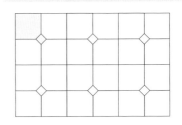

优点： 看起来简约但富有变化

缺点： 一般需要两种颜色或材质的材料

蜂巢形

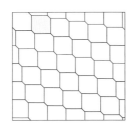

优点： 可以简单地拼贴出 3D 效果

缺点： 在技术上对安装的要求可能更高

回字形

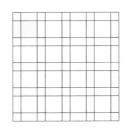

优点： 适合质朴装饰的空间

缺点： 需要多种规格的材料配合

补位形

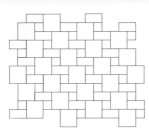

优点： 视觉效果最好

缺点： 对铺贴技术要求高，价格较贵

风车形

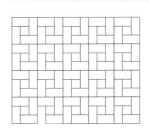

优点： 错落有致又独具情调

缺点： 需要后期勾缝点缀

人字形

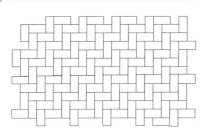

优点： 材料的损耗较小、增强空间立体感

缺点： 对材料规格要求较高

三、与其他材料收口

　　石材是室内空间中较常见的材料之一，为避免地面或墙面装饰单调，也为了适应不同空间的功能需求，需要和其他不同的材料进行相接，不同性质的材料，其相接处的处理方式也不同，但基本原理大致相同，通常采用平接、收边条的方式进行相接。

1. 地面石材与其他材料相接节点

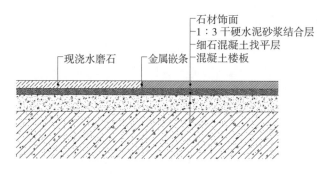

石材饰面
1:3 干硬水泥砂浆结合层
细石混凝土找平层
混凝土楼板
现浇水磨石
金属嵌条

▲ 石材与水磨石相接节点图

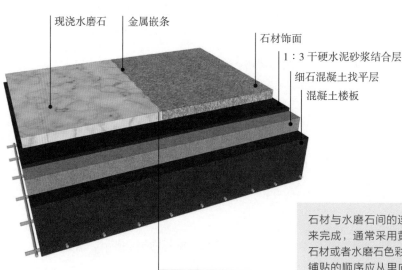

现浇水磨石　金属嵌条

石材饰面
1:3 干硬水泥砂浆结合层
细石混凝土找平层
混凝土楼板

▲ 石材与水磨石相接三维示意图解析

石材与水磨石间的连接用金属嵌条来完成，通常采用黄铜或者其他与石材或者水磨石色彩相搭配的金属。铺贴的顺序应从里向外逐步挂线进行，缝隙宽度可根据设计要求来设定，若没有要求，则石材缝隙应不大于1mm，水磨石缝隙应不大于2mm

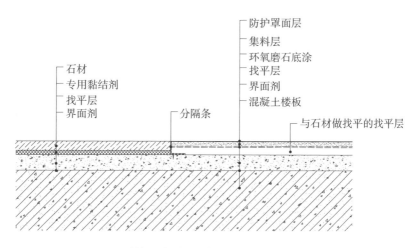

石材
专用黏结剂
找平层
界面剂

分隔条

防护罩面层
集料层
环氧磨石底涂
找平层
界面剂
混凝土楼板

与石材做找平的找平层

▲ 石材与环氧磨石相接节点图

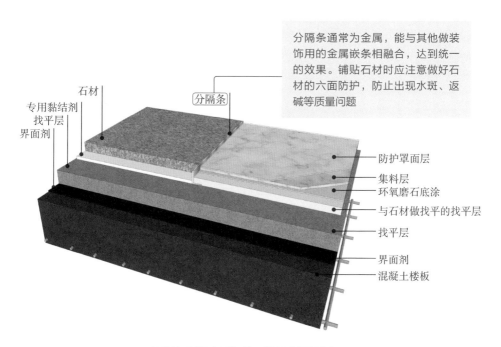

分隔条通常为金属，能与其他做装饰用的金属嵌条相融合，达到统一的效果。铺贴石材时应注意做好石材的六面防护，防止出现水斑、返碱等质量问题

专用黏结剂
找平层
界面剂

石材

分隔条

防护罩面层
集料层
环氧磨石底涂
与石材做找平的找平层
找平层
界面剂
混凝土楼板

▲ 石材与环氧磨石相接三维示意图解析

对于石材与地砖，根据不同的
纹样有着不同的装饰效果，两
者相接可以产生多种装饰效果

石材（六面防护）

10mm 厚素水泥膏

30mm 厚 1：3 干硬性水泥砂浆黏结层

30mm 厚 C20 细石混凝土找平层

界面剂一道

原建筑钢筋混凝土楼板

石材（六面防护）

10mm 厚素水泥膏

30mm 厚 1：3 干硬性水泥砂浆黏结层

30mm 厚 C20 细石混凝土找平层

界面剂一道

原建筑钢筋混凝土楼板

5mm 厚不锈钢分隔条

地砖

水泥砂浆结合层

水泥砂浆找平层

2 号角钢

▲ 石材与地砖相接节点图

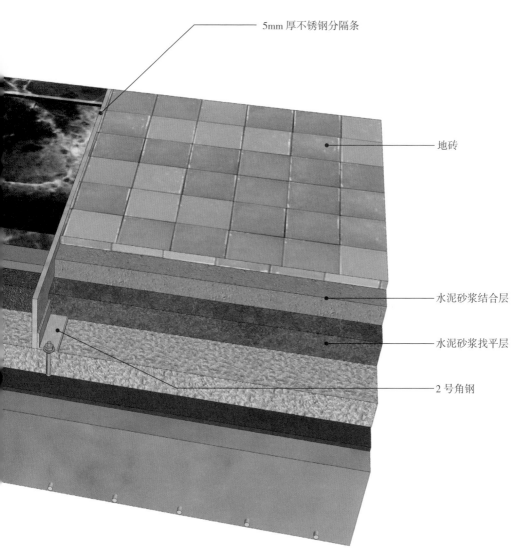

5mm 厚不锈钢分隔条

地砖

水泥砂浆结合层

水泥砂浆找平层

2 号角钢

▲ 石材与地砖相接三维示意图解析

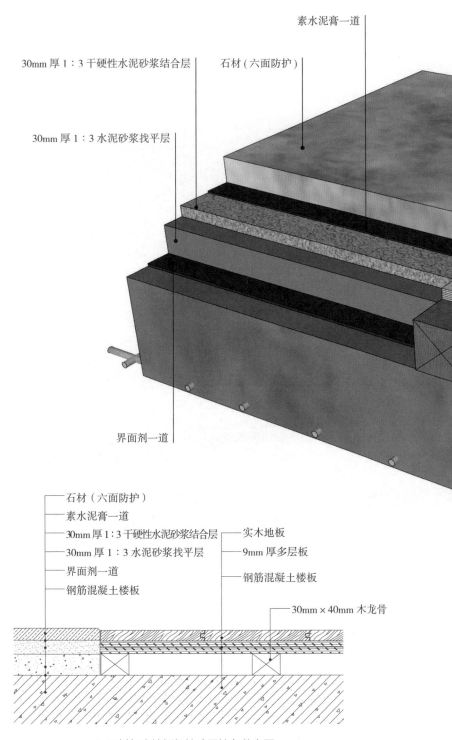

素水泥膏一道

30mm 厚 1：3 干硬性水泥砂浆结合层　石材（六面防护）

30mm 厚 1：3 水泥砂浆找平层

界面剂一道

石材（六面防护）
素水泥膏一道
30mm 厚 1：3 干硬性水泥砂浆结合层　　实木地板
30mm 厚 1：3 水泥砂浆找平层　　9mm 厚多层板
界面剂一道　　钢筋混凝土楼板
钢筋混凝土楼板
30mm×40mm 木龙骨

▲ 石材与木地板相接（平接）节点图

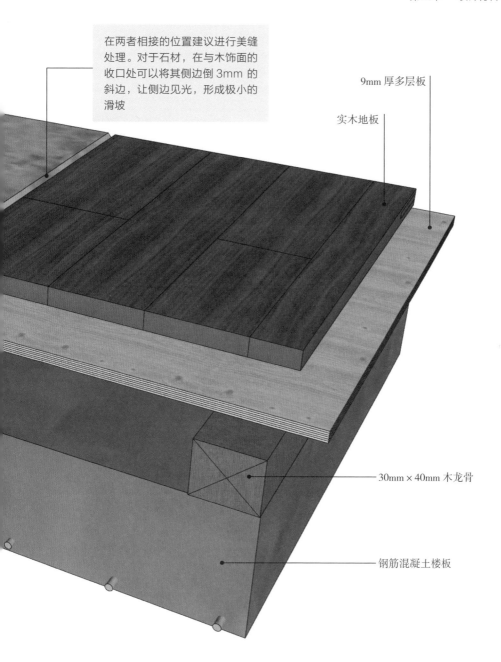

在两者相接的位置建议进行美缝处理。对于石材，在与木饰面的收口处可以将其侧边倒 3mm 的斜边，让侧边见光，形成极小的滑坡

9mm 厚多层板

实木地板

30mm×40mm 木龙骨

钢筋混凝土楼板

▲ 石材与木地板相接（平接）三维示意图解析

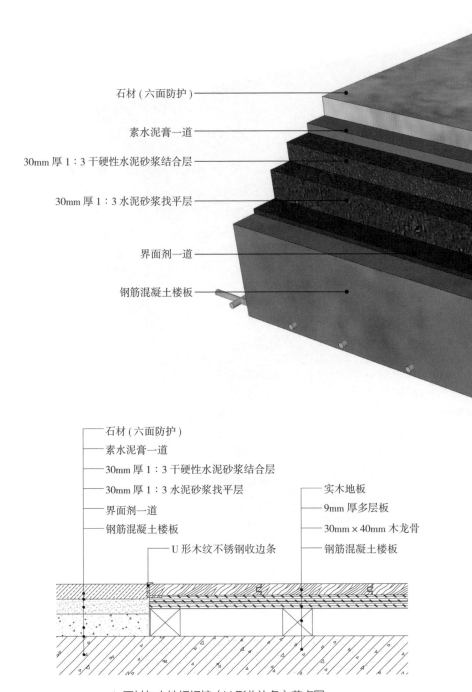

石材（六面防护）

素水泥膏一道

30mm 厚 1∶3 干硬性水泥砂浆结合层

30mm 厚 1∶3 水泥砂浆找平层

界面剂一道

钢筋混凝土楼板

石材（六面防护）
素水泥膏一道
30mm 厚 1∶3 干硬性水泥砂浆结合层
30mm 厚 1∶3 水泥砂浆找平层
界面剂一道
钢筋混凝土楼板

实木地板
9mm 厚多层板
30mm × 40mm 木龙骨
钢筋混凝土楼板

U 形木纹不锈钢收边条

▲ 石材与木地板相接（U 形收边条）节点图

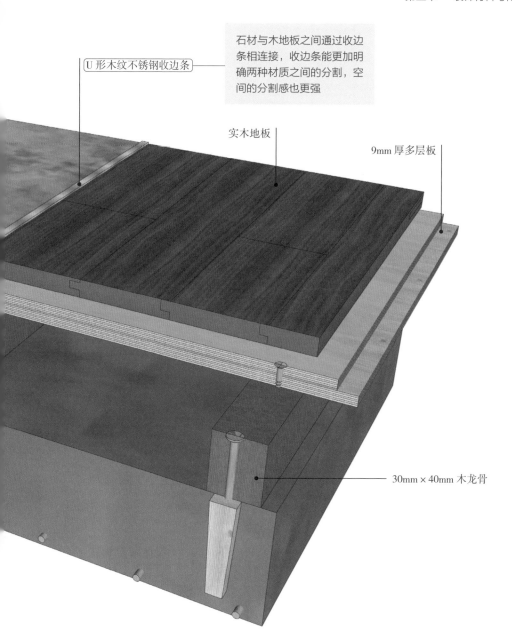

U 形木纹不锈钢收边条

石材与木地板之间通过收边条相连接，收边条能更加明确两种材质之间的分割，空间的分割感也更强

实木地板

9mm 厚多层板

30mm×40mm 木龙骨

▲ 石材与木地板相接（U 形收边条）三维示意图解析

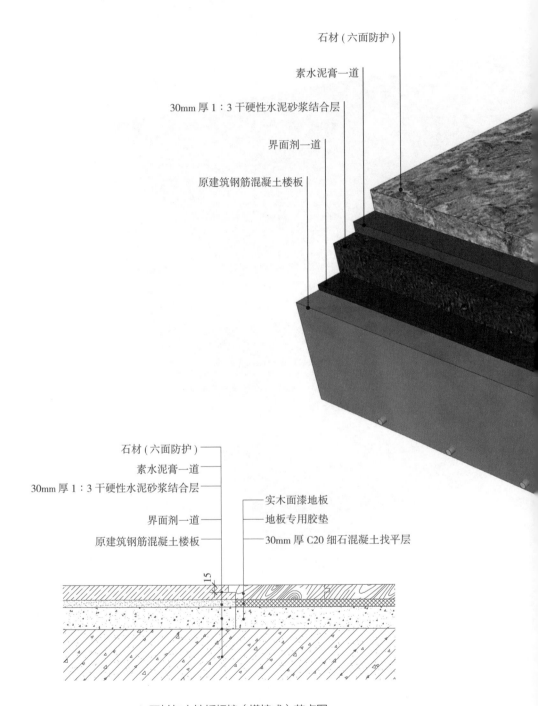

石材 (六面防护)

素水泥膏一道

30mm 厚 1：3 干硬性水泥砂浆结合层

界面剂一道

原建筑钢筋混凝土楼板

石材 (六面防护)

素水泥膏一道

30mm 厚 1：3 干硬性水泥砂浆结合层

界面剂一道

原建筑钢筋混凝土楼板

实木面漆地板

地板专用胶垫

30mm 厚 C20 细石混凝土找平层

15

▲ 石材与木地板相接（搭接式）节点图

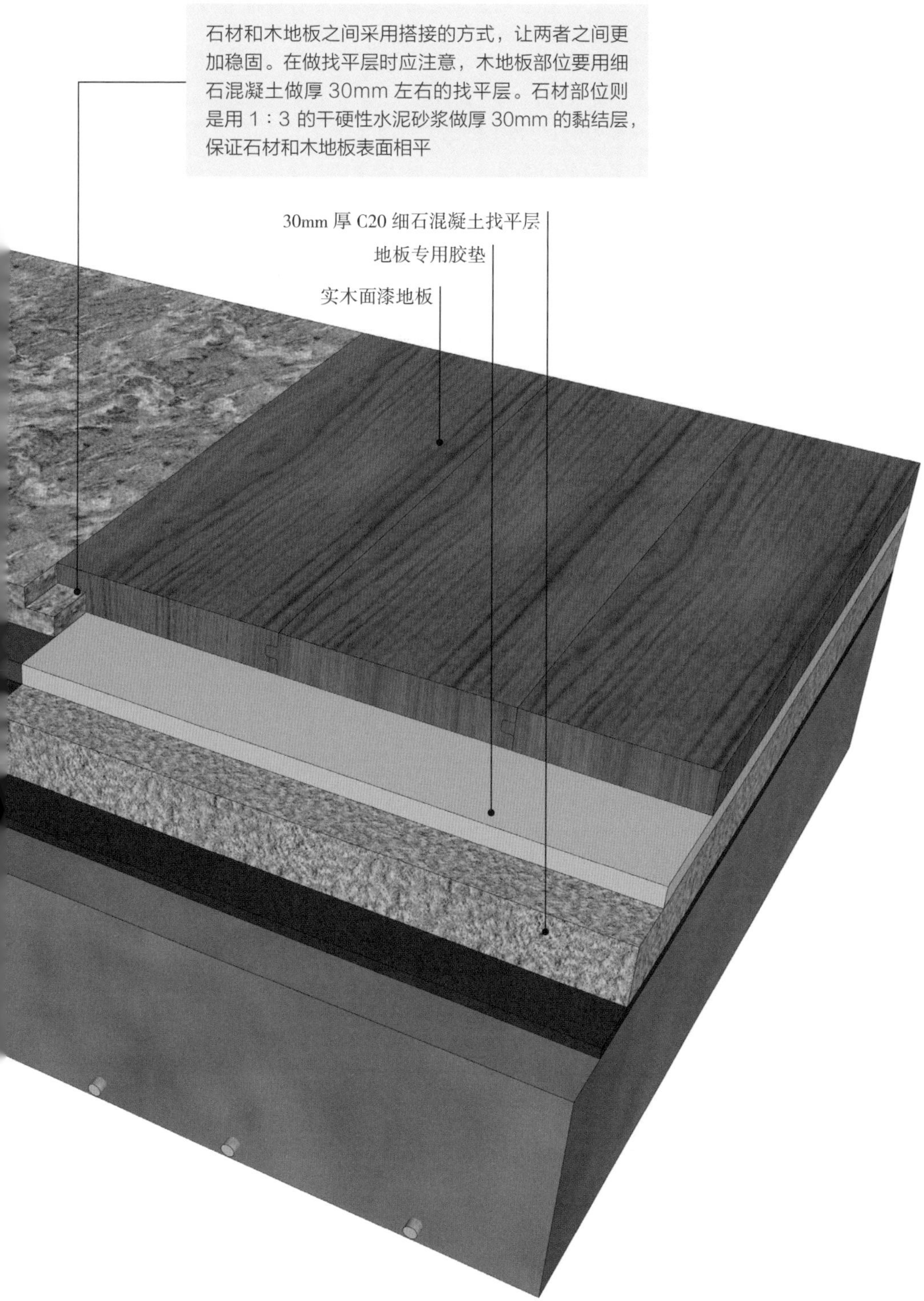

石材和木地板之间采用搭接的方式，让两者之间更加稳固。在做找平层时应注意，木地板部位要用细石混凝土做厚 30mm 左右的找平层。石材部位则是用 1∶3 的干硬性水泥砂浆做厚 30mm 的黏结层，保证石材和木地板表面相平

30mm 厚 C20 细石混凝土找平层

地板专用胶垫

实木面漆地板

▲ 石材与木地板相接（搭接式）三维示意图解析

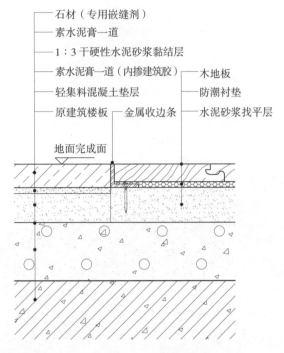

石材（专用嵌缝剂）
素水泥膏一道
1：3 干硬性水泥砂浆黏结层
素水泥膏一道（内掺建筑胶）
轻集料混凝土垫层
原建筑楼板

木地板
防潮衬垫
水泥砂浆找平层

金属收边条

地面完成面

▲ 石材与木地板相接（L 形收边条）节点图

采用 L 形收边条，能够让衔接处的收边比 U 形收边条更加隐形，能够和地面上的不锈钢装饰线条融合在一起。做找平时要预估好石材完成面的高度，来逆推木地板位置中找平层的高度

金属收边条
石材（专用嵌缝剂）
素水泥膏一道
素水泥膏一道（内掺建筑胶）
1：3 干硬性水泥砂浆黏结层

木地板
防潮衬垫
水泥砂浆找平层
轻集料混凝土垫层
原建筑楼板

▲ 石材与木地板相接（L 形收边条）三维示意图解析

石材
专用黏结剂
水泥砂浆找平层
原建筑楼板

铜嵌条（AB 胶安装）

▲ 石材与铜嵌条相接节点图

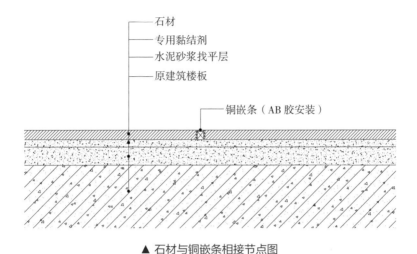

铜嵌条在石材地面上主要起装饰空间的作用，在客厅、酒店大厅等空间中被广泛应用，可提升空间的质感。在对石材进行切割或背网铲除后，须对石材进行局部的防护处理，然后进行铺贴，铺贴 15 天后再进行清缝、填缝的工作，让水泥砂浆中多余的水分充分挥发

石材
专用黏结剂
水泥砂浆找平层
原建筑楼板

铜嵌条（AB 胶安装）

▲ 石材与铜嵌条相接三维示意图解析

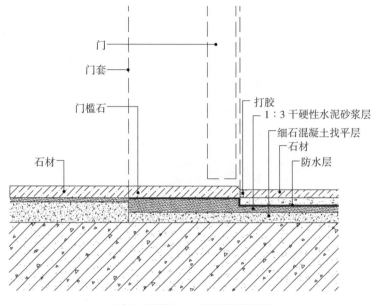

▲ 石材－门槛石－石材相接节点图

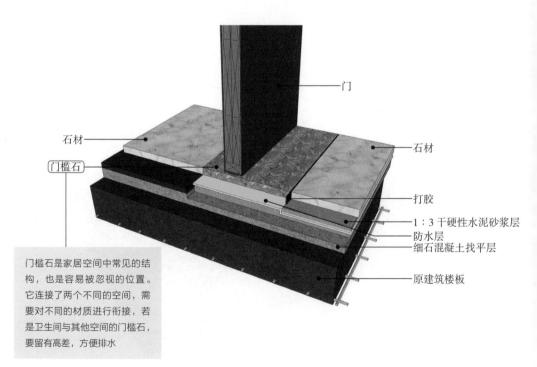

门槛石是家居空间中常见的结构，也是容易被忽视的位置。它连接了两个不同的空间，需要对不同的材质进行衔接，若是卫生间与其他空间的门槛石，要留有高差，方便排水

▲ 石材－门槛石－石材相接三维示意图解析

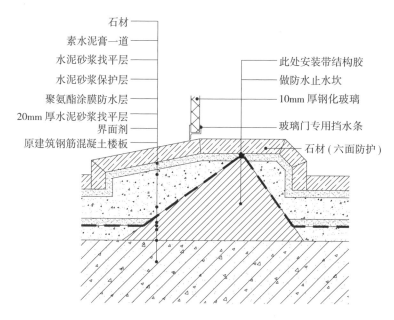

石材
素水泥膏一道
水泥砂浆找平层
水泥砂浆保护层
聚氨酯涂膜防水层
20mm 厚水泥砂浆找平层
界面剂
原建筑钢筋混凝土楼板

此处安装带结构胶
做防水止水坎
10mm 厚钢化玻璃
玻璃门专用挡水条
石材（六面防护）

▲ 石材－门槛石－石材相接（带止水坎）相接节点图

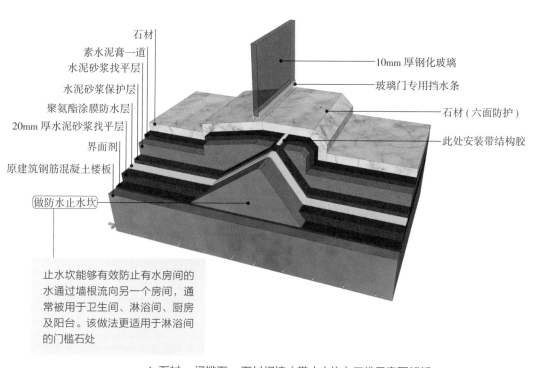

石材
素水泥膏一道
水泥砂浆找平层
水泥砂浆保护层
聚氨酯涂膜防水层
20mm 厚水泥砂浆找平层
界面剂
原建筑钢筋混凝土楼板
做防水止水坎

10mm 厚钢化玻璃
玻璃门专用挡水条
石材（六面防护）
此处安装带结构胶

止水坎能够有效防止有水房间的水通过墙根流向另一个房间，通常被用于卫生间、淋浴间、厨房及阳台。该做法更适用于淋浴间的门槛石处

▲ 石材－门槛石－石材相接（带止水坎）三维示意图解析

2. 墙面石材与其他材料相接节点

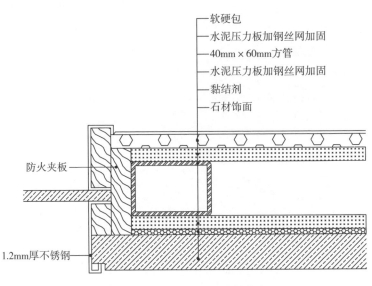

软硬包
水泥压力板加钢丝网加固
40mm×60mm方管
水泥压力板加钢丝网加固
黏结剂
石材饰面

防火夹板

1.2mm厚不锈钢

▲ 石材与不锈钢相接节点图

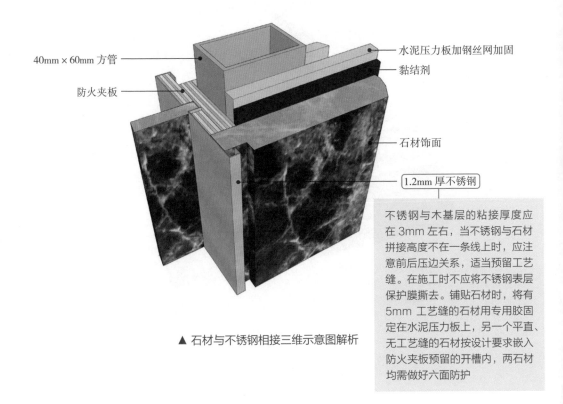

40mm×60mm 方管

防火夹板

水泥压力板加钢丝网加固

黏结剂

石材饰面

1.2mm 厚不锈钢

不锈钢与木基层的粘接厚度应在 3mm 左右，当不锈钢与石材拼接高度不在一条线上时，应注意前后压边关系，适当预留工艺缝。在施工时不应将不锈钢表层保护膜撕去。铺贴石材时，将有 5mm 工艺缝的石材用专用胶固定在水泥压力板上，另一个平直、无工艺缝的石材按设计要求嵌入防火夹板预留的开槽内，两石材均需做好六面防护

▲ 石材与不锈钢相接三维示意图解析

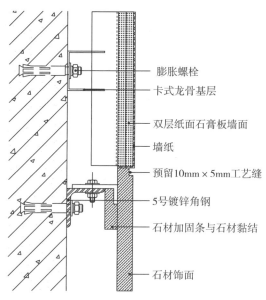

膨胀螺栓

卡式龙骨基层

双层纸面石膏板墙面

墙纸

预留10mm×5mm工艺缝

5号镀锌角钢

石材加固条与石材黏结

石材饰面

▲ 石材与墙纸相接节点图

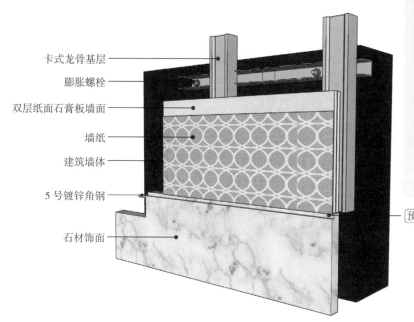

卡式龙骨基层

膨胀螺栓

双层纸面石膏板墙面

墙纸

建筑墙体

5号镀锌角钢

石材饰面

石材靠墙纸一侧设置10mm×5mm的工艺裁口,安装完成后与墙面形成工艺槽,裱贴墙纸时将墙纸边缘伸进工艺槽内铺贴平整。铺墙纸时,将墙纸用墙纸胶平整地粘贴在双层纸面石膏板上,墙纸与石材10mm×5mm的工艺缝相接

预留10mm×5mm工艺缝

▲ 石材与墙纸相接三维示意图解析

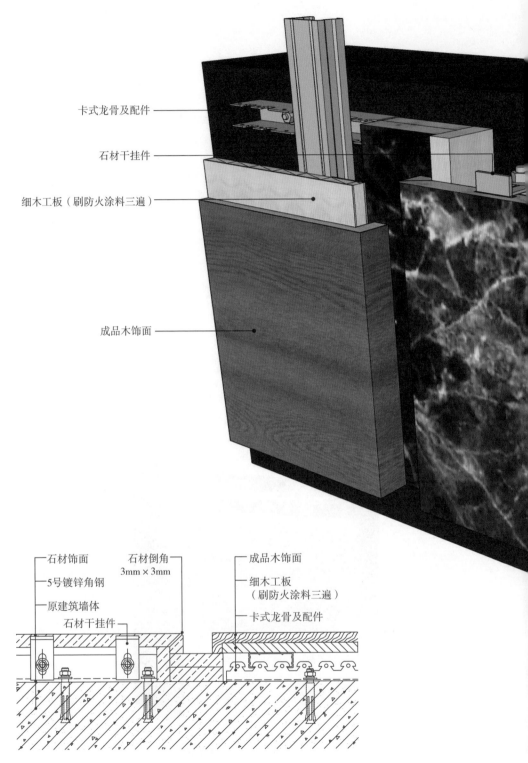

卡式龙骨及配件

石材干挂件

细木工板（刷防火涂料三遍）

成品木饰面

石材饰面
5号镀锌角钢
原建筑墙体
石材干挂件

石材倒角
3mm×3mm

成品木饰面
细木工板
（刷防火涂料三遍）
卡式龙骨及配件

▲ 石材与木饰面相接节点图

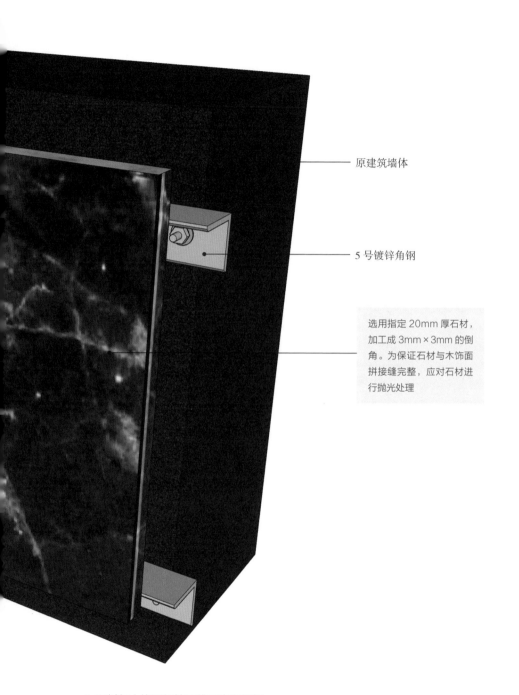

原建筑墙体

5 号镀锌角钢

选用指定 20mm 厚石材，加工成 3mm×3mm 的倒角。为保证石材与木饰面拼接缝完整，应对石材进行抛光处理

▲ 石材与木饰面相接三维示意图解析

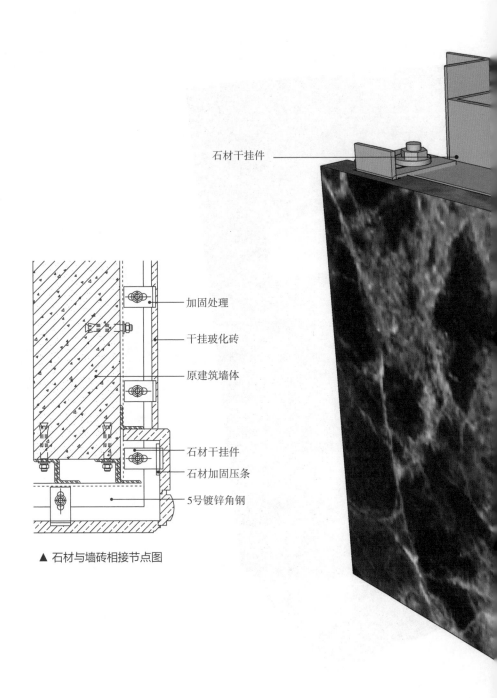

石材干挂件

加固处理

干挂玻化砖

原建筑墙体

石材干挂件

石材加固压条

5号镀锌角钢

▲ 石材与墙砖相接节点图

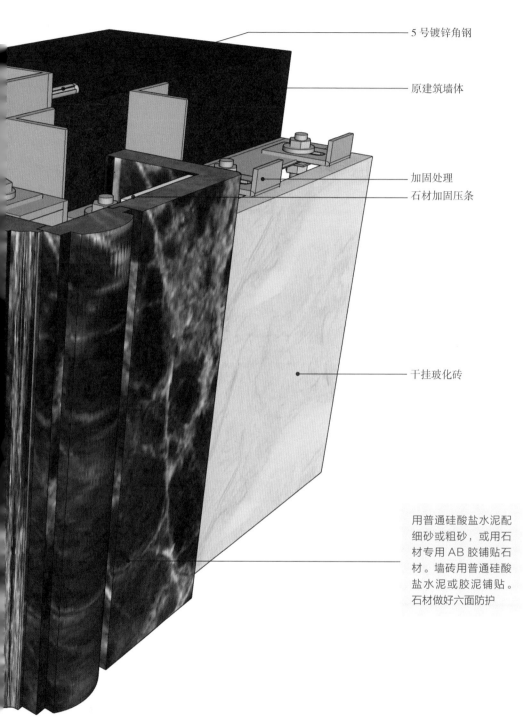

5 号镀锌角钢

原建筑墙体

加固处理

石材加固压条

干挂玻化砖

用普通硅酸盐水泥配
细砂或粗砂，或用石
材专用 AB 胶铺贴石
材。墙砖用普通硅酸
盐水泥或胶泥铺贴。
石材做好六面防护

▲ 石材与墙砖相接三维示意图解析

第三节　砖材

一、常用构造与工法

　　常见的陶瓷砖安装方式分为干铺法、干挂法和湿贴法，干铺法仅能用于瓷砖的地面铺装，而湿铺法可以用于墙面或地面铺装，干挂法也只能用于墙面铺装

应用场景	三维示意图
● 干铺法　该种做法比较适合尺寸较大的瓷砖，且仅在地面适用	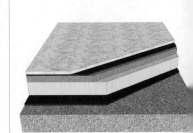
● 干挂法　该种做法适用于空间高度超高时（＞3.5m）	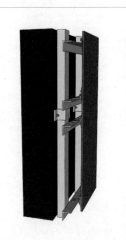
● 湿贴法　该种做法比较适合铺小型砖	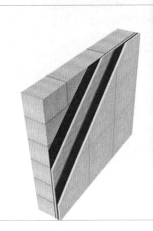

节点图	优点	缺点
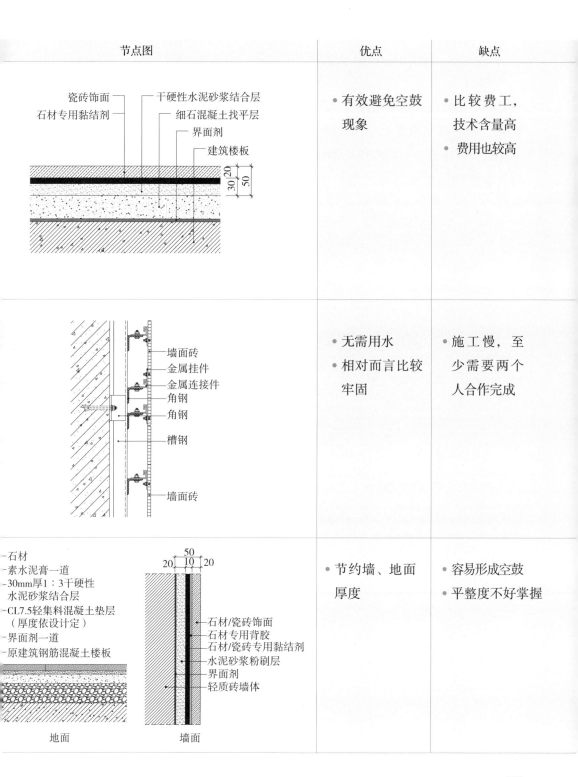	• 有效避免空鼓现象	• 比较费工，技术含量高 • 费用也较高
	• 无需用水 • 相对而言比较牢固	• 施工慢，至少需要两个人合作完成
	• 节约墙、地面厚度	• 容易形成空鼓 • 平整度不好掌握

二、与其他材料收口

地砖样式繁多，可供选择的余地很大，因此地砖经常和不同的地面材料相接，其相接处的工艺也十分重要；墙面砖主要是指瓷质的釉面砖、陶瓷马赛克一类的陶瓷墙砖。不同的墙面饰面材料与瓷砖搭配使用具有不同的效果，相接节点处的处理方式也各式各样。

1. 地面砖材与其他材料相接节点

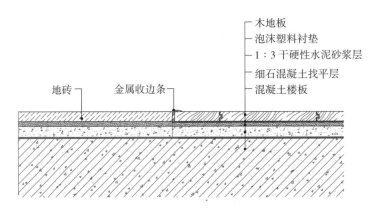

1：3干硬性水泥砂浆层

细石混凝土找平层

木地板
泡沫塑料衬垫
1：3干硬性水泥砂浆层
细石混凝土找平层
混凝土楼板

地砖　　金属收边条

▲ 地砖与木地板相接（金属收边条）节点图

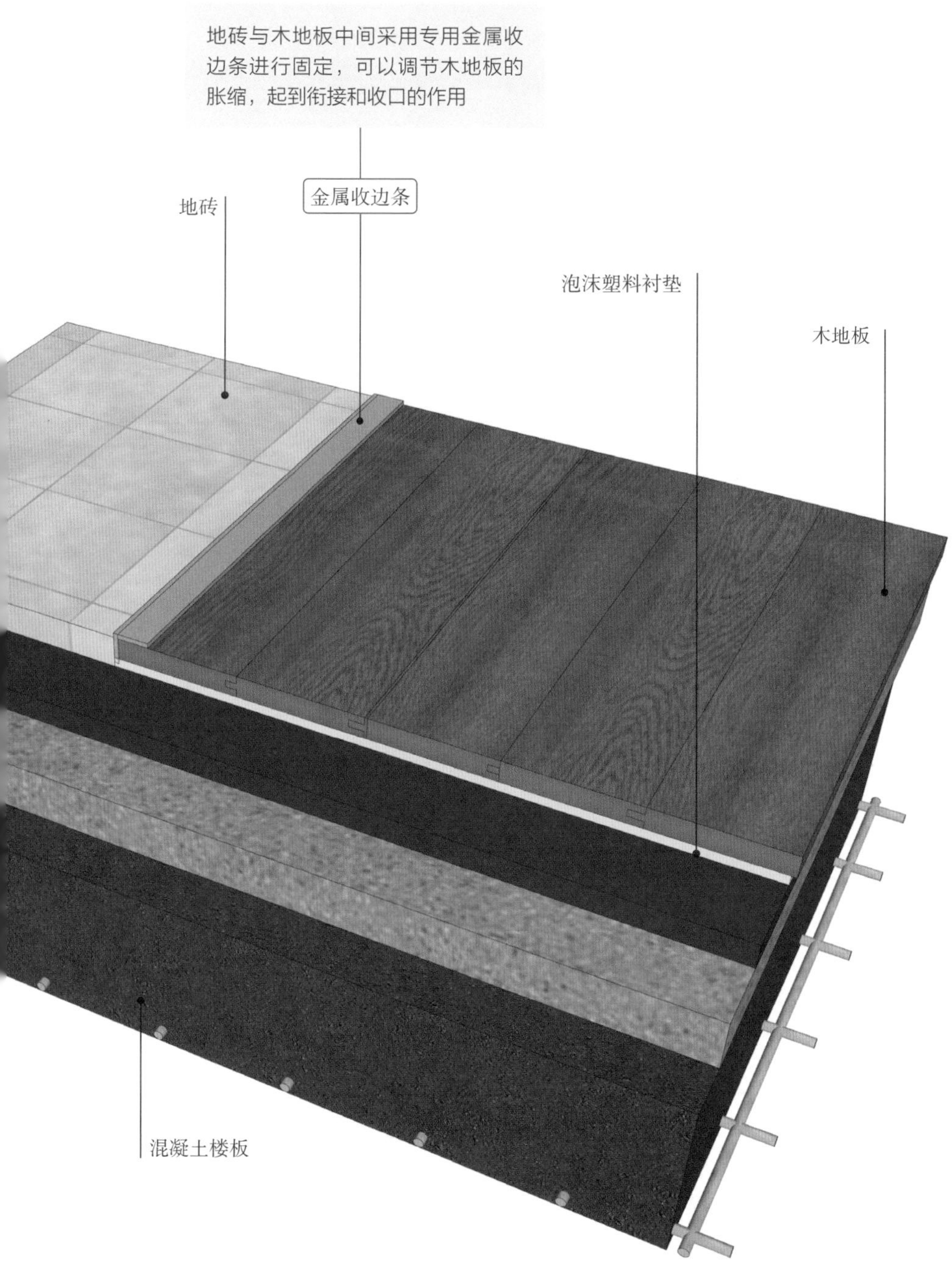

地砖与木地板中间采用专用金属收
边条进行固定，可以调节木地板的
胀缩，起到衔接和收口的作用

地砖

金属收边条

泡沫塑料衬垫

木地板

混凝土楼板

▲ 地砖与木地板相接（金属收边条）三维示意图解析

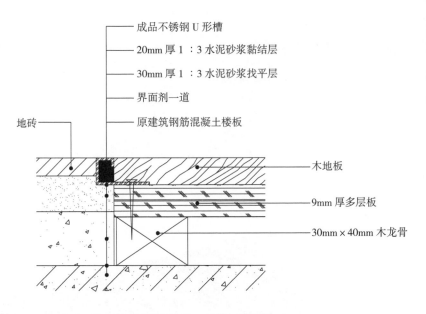

成品不锈钢 U 形槽
20mm 厚 1：3 水泥砂浆黏结层
30mm 厚 1：3 水泥砂浆找平层
界面剂一道
原建筑钢筋混凝土楼板
地砖
木地板
9mm 厚多层板
30mm × 40mm 木龙骨

▲ 地砖与木地板相接（U 形槽）节点图

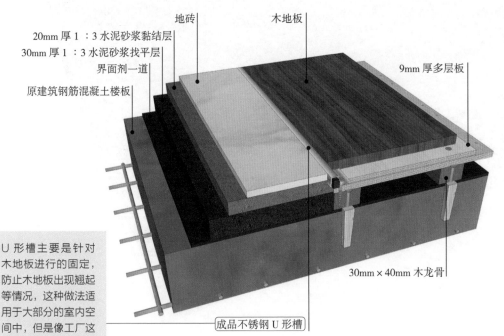

地砖
木地板
20mm 厚 1：3 水泥砂浆黏结层
30mm 厚 1：3 水泥砂浆找平层
界面剂一道
原建筑钢筋混凝土楼板
9mm 厚多层板
30mm × 40mm 木龙骨
成品不锈钢 U 形槽

U 形槽主要是针对木地板进行的固定，防止木地板出现翘起等情况，这种做法适用于大部分的室内空间中，但是像工厂这类对耐磨性要求较高的空间则不适用

▲ 地砖与木地板相接（U 形槽）三维示意图解析

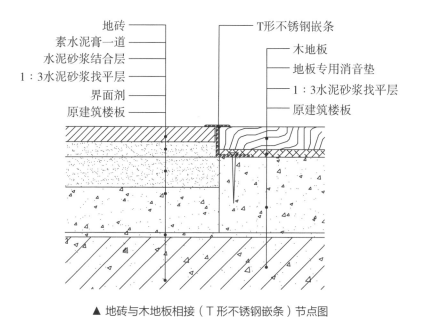

地砖
素水泥膏一道
水泥砂浆结合层
1∶3水泥砂浆找平层
界面剂
原建筑楼板

T形不锈钢嵌条
木地板
地板专用消音垫
1∶3水泥砂浆找平层
原建筑楼板

▲ 地砖与木地板相接（T形不锈钢嵌条）节点图

木地板

地砖
素水泥膏一道
水泥砂浆结合层
1∶3水泥砂浆找平层
界面剂
原建筑楼板

地板专用消音垫

T形不锈钢嵌条

不锈钢嵌条将地砖和
木地板两边都进行覆
盖，让两者都更加稳
固，不容易翘起

▲ 地砖与木地板相接（T形不锈钢嵌条）三维示意图解析

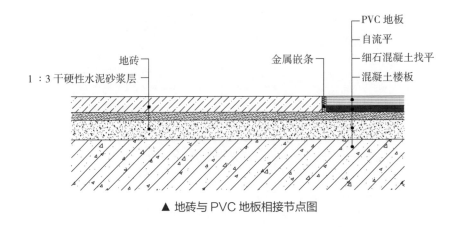

PVC 地板
自流平
细石混凝土找平
混凝土楼板
金属嵌条
地砖
1：3 干硬性水泥砂浆层

▲ 地砖与 PVC 地板相接节点图

地砖和 PVC 地板之间用一字形金属嵌缝条进行衔接和收口，让 PVC 地板和地砖之间连接更加紧密。地砖和 PVC 地板相接的地面形式一般被用于家居空间中。铺设 PVC 地板时，在裁切与地砖交接的 PVC 地板时，要用手充分压紧材料，并与地砖保留一定的距离，预留出嵌缝条能覆盖的位置

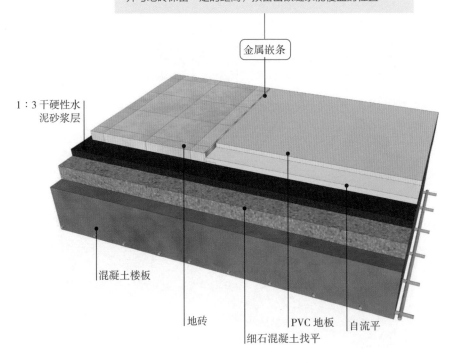

金属嵌条

1：3 干硬性水泥砂浆层

混凝土楼板

地砖

细石混凝土找平

PVC 地板

自流平

▲ 地砖与 PVC 地板相接三维示意图解析

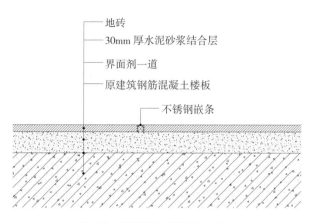

地砖
30mm 厚水泥砂浆结合层
界面剂一道
原建筑钢筋混凝土楼板
不锈钢嵌条

▲ 地砖与不锈钢嵌条相接节点图

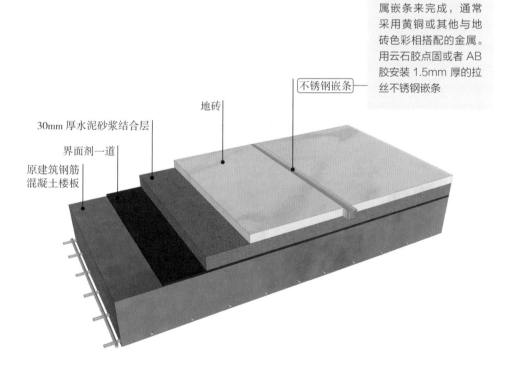

地砖之间的连接用金属嵌条来完成，通常采用黄铜或其他与地砖色彩相搭配的金属。用云石胶点固或者 AB 胶安装 1.5mm 厚的拉丝不锈钢嵌条

不锈钢嵌条
地砖
30mm 厚水泥砂浆结合层
界面剂一道
原建筑钢筋混凝土楼板

▲ 地砖与不锈钢嵌条相接三维示意图解析

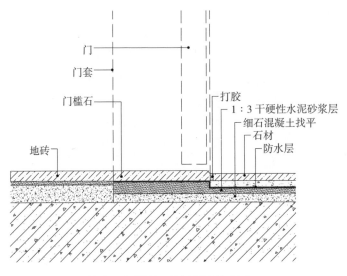

门

门套

门槛石

地砖

打胶

1：3 干硬性水泥砂浆层

细石混凝土找平

石材

防水层

▲ 地砖－门槛石－石材相接节点图

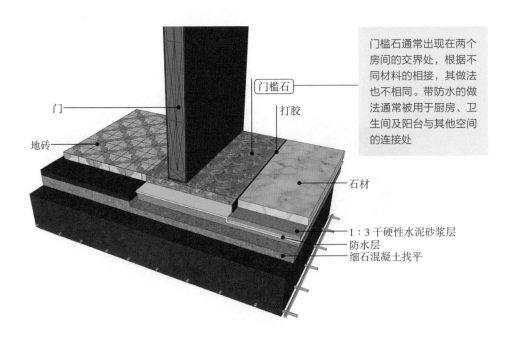

门

地砖

门槛石

打胶

石材

1：3 干硬性水泥砂浆层

防水层

细石混凝土找平

门槛石通常出现在两个房间的交界处，根据不同材料的相接，其做法也不相同。带防水的做法通常被用于厨房、卫生间及阳台与其他空间的连接处

▲ 地砖－门槛石－石材相接三维示意图解析

2. 墙面砖材与其他材料相接节点

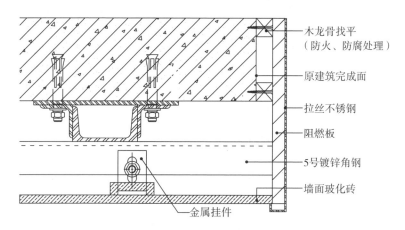

木龙骨找平
（防火、防腐处理）

原建筑完成面

拉丝不锈钢

阻燃板

5 号镀锌角钢

墙面玻化砖

金属挂件

▲ 墙砖与不锈钢相接节点图

墙砖在施工前需进行验收，检查材料的型号和规格是否正确。墙砖颜色明显不一致的，退还厂家；有裂纹、缺棱掉角的墙砖，需修理后才能投入使用，情况过于严重的，则需弃用。清洁墙壁表面污渍，将墙面缺损处用 1：3 的水泥砂浆进行填充，保证墙面平整后，进行抹灰并刮腻子

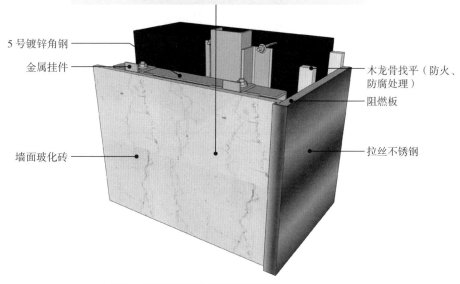

5 号镀锌角钢

金属挂件

木龙骨找平（防火、防腐处理）

阻燃板

墙面玻化砖

拉丝不锈钢

▲ 墙砖与不锈钢相接三维示意图解析

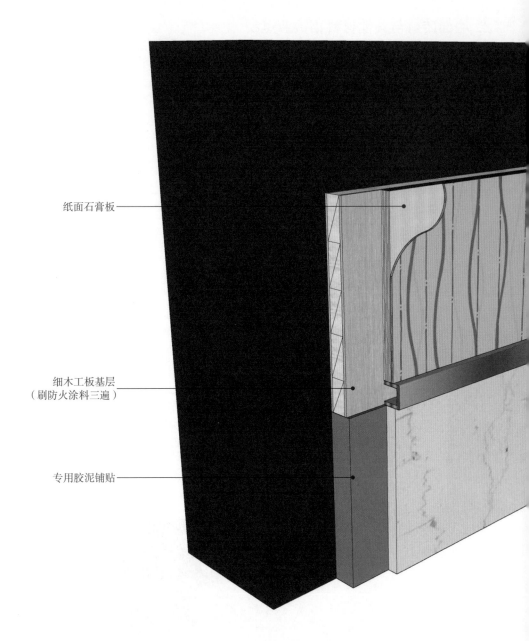

纸面石膏板

细木工板基层
（刷防火涂料三遍）

专用胶泥铺贴

▲ 墙砖与墙纸相接三维示意图解析

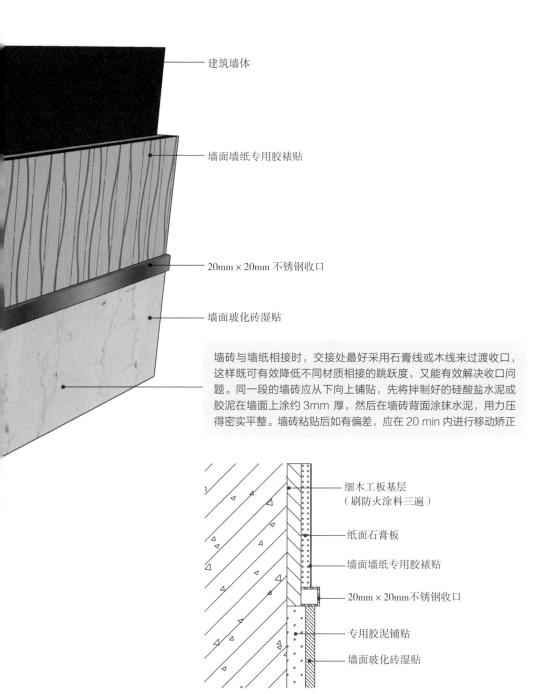

建筑墙体

墙面墙纸专用胶裱贴

20mm×20mm 不锈钢收口

墙面玻化砖湿贴

墙砖与墙纸相接时，交接处最好采用石膏线或木线来过渡收口，这样既可有效降低不同材质相接的跳跃度，又能有效解决收口问题。同一段的墙砖应从下向上铺贴，先将拌制好的硅酸盐水泥或胶泥在墙面上涂约 3mm 厚，然后在墙砖背面涂抹水泥，用力压得密实平整。墙砖粘贴后如有偏差，应在 20 min 内进行移动矫正

细木工板基层
（刷防火涂料三遍）

纸面石膏板

墙面墙纸专用胶裱贴

20mm×20mm不锈钢收口

专用胶泥铺贴

墙面玻化砖湿贴

▲ 墙砖与墙纸相接节点图

133

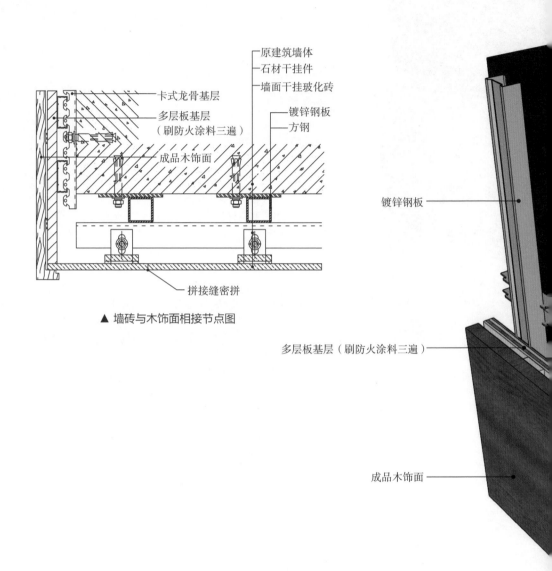

卡式龙骨基层

多层板基层
（刷防火涂料三遍）

成品木饰面

原建筑墙体

石材干挂件

墙面干挂玻化砖

镀锌钢板

方钢

拼接缝密拼

▲ 墙砖与木饰面相接节点图

镀锌钢板

多层板基层（刷防火涂料三遍）

成品木饰面

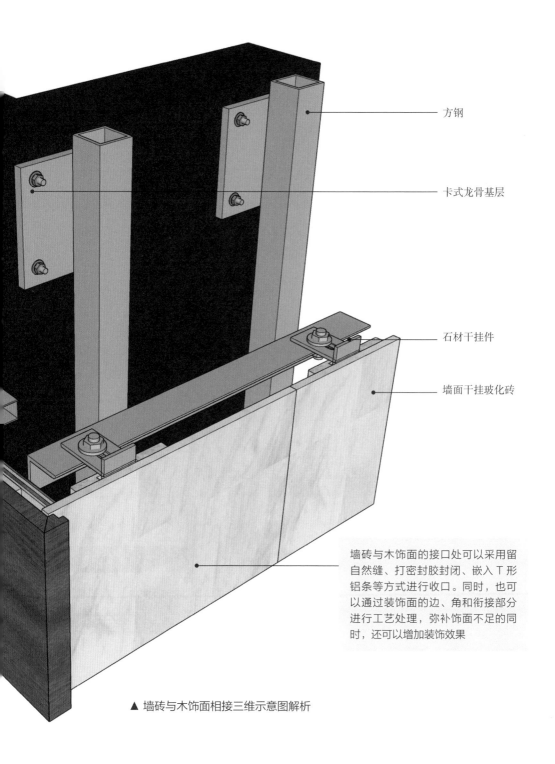

方钢

卡式龙骨基层

石材干挂件

墙面干挂玻化砖

墙砖与木饰面的接口处可以采用留
自然缝、打密封胶封闭、嵌入T形
铝条等方式进行收口。同时，也可
以通过装饰面的边、角和衔接部分
进行工艺处理，弥补饰面不足的同
时，还可以增加装饰效果

▲ 墙砖与木饰面相接三维示意图解析

——• 第四节　木饰面板

应用场景	三维示意图

一、常用构造与工法

　　常见的板材安装方式分为胶粘法和干挂法，从耐久性上看，干挂法比胶粘法要好；但从成本来看，胶粘法要比干挂法低；从安全性来看，两者基本没有差别，所以在国内胶粘法是最常使用的安装方法。

• 胶粘法

　　适用于所有面积较小、板材较薄且需满铺的情况下

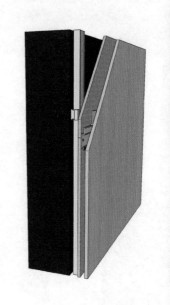

• 干挂法

　　这种方法适用于面积较大，板材较厚、较重的场合

节点图	优点	缺点
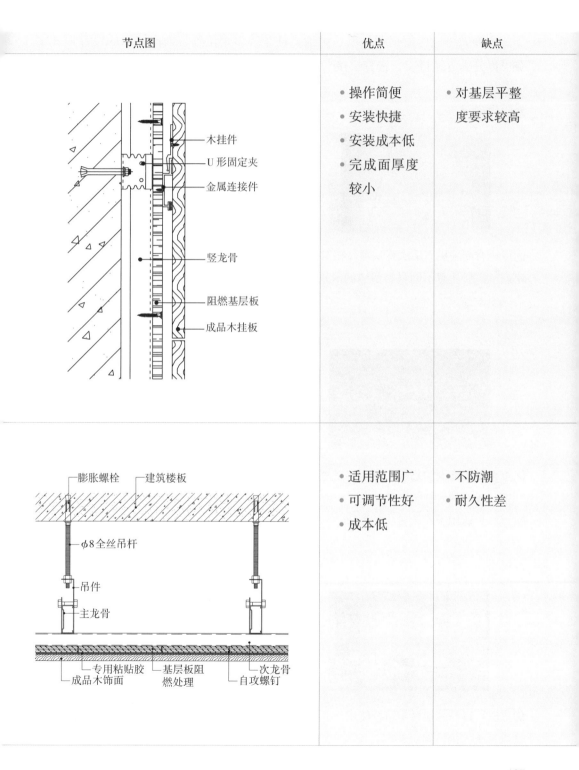	• 操作简便 • 安装快捷 • 安装成本低 • 完成面厚度较小	• 对基层平整度要求较高
	• 适用范围广 • 可调节性好 • 成本低	• 不防潮 • 耐久性差

（第一幅节点图标注）木挂件、U 形固定夹、金属连接件、竖龙骨、阻燃基层板、成品木挂板

（第二幅节点图标注）膨胀螺栓、建筑楼板、φ8全丝吊杆、吊件、主龙骨、专用粘贴胶、成品木饰面、基层板阻燃处理、次龙骨、自攻螺钉

二、常见设计手法

木饰面可以应用在背景墙、吊顶、柱子等多个位置，而木饰面的设计形式主要可以分为分缝拼接、密缝拼接、田字拼接、鱼骨拼接、混搭拼接。

分缝拼接

优点： 看起来更有层次感，预算相对较低
缺点： 需要注意不同材料留缝的区别

密缝拼接

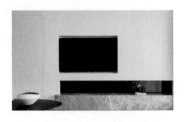

优点： 看不见缝隙，更有整体感
缺点： 不具备层次感，美观度稍有不足

田字拼接

优点： 将木饰面切割成田字形，在墙面形成一种独特的视觉效果
缺点： 只适用于面积较大的空间

鱼骨拼接

优点： 有不错的装饰效果
缺点： 对施工有一定的要求

混搭拼接

优点： 可以与其他材质组合使用
缺点： 施工价格相对较高

三、与其他材料收口处理

　　木饰面板作为最常用的墙面人造装饰板之一，常常用于室内装修中。木饰面板常与不锈钢、墙纸、软硬包等材料相接，组成不同的墙面设计。

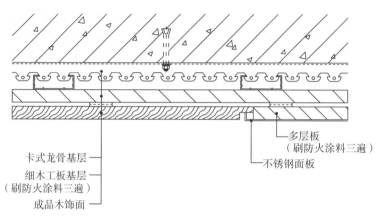

卡式龙骨基层
细木工板基层
（刷防火涂料三遍）
成品木饰面

多层板
（刷防火涂料三遍）
不锈钢面板

▲ 木饰面与不锈钢相接节点图

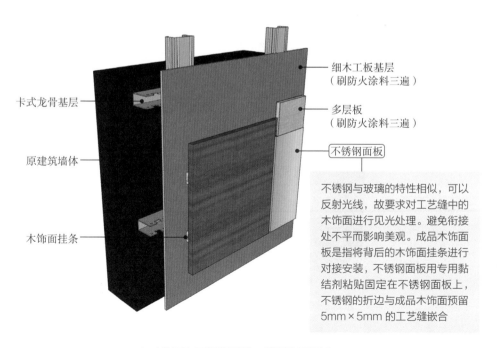

卡式龙骨基层

原建筑墙体

木饰面挂条

细木工板基层
（刷防火涂料三遍）

多层板
（刷防火涂料三遍）

不锈钢面板

不锈钢与玻璃的特性相似，可以反射光线，故要求对工艺缝中的木饰面进行见光处理。避免衔接处不平而影响美观。成品木饰面板是指将背后的木饰面挂条进行对接安装，不锈钢面板用专用黏结剂粘贴固定在不锈钢面板上，不锈钢的折边与成品木饰面预留 5mm×5mm 的工艺缝嵌合

▲ 木饰面与不锈钢相接三维示意图解析

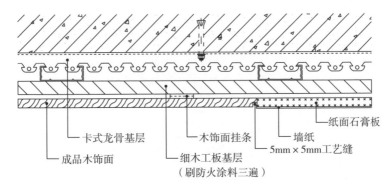

卡式龙骨基层

成品木饰面

木饰面挂条

细木工板基层
（刷防火涂料三遍）

纸面石膏板

墙纸

5mm×5mm工艺缝

▲ 木饰面与墙纸相接节点图

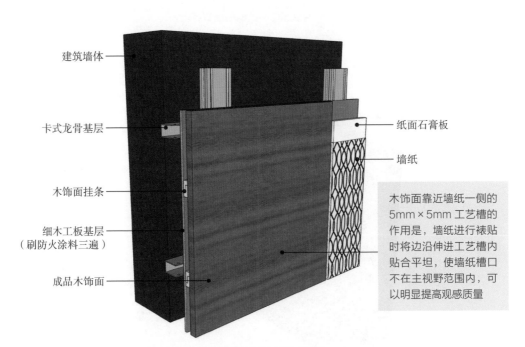

建筑墙体

卡式龙骨基层

木饰面挂条

细木工板基层
（刷防火涂料三遍）

成品木饰面

纸面石膏板

墙纸

木饰面靠近墙纸一侧的
5mm×5mm 工艺槽的
作用是，墙纸进行裱贴
时将边沿伸进工艺槽内
贴合平坦，使墙纸槽口
不在主视野范围内，可
以明显提高观感质量

▲ 木饰面与墙纸相接三维示意图解析

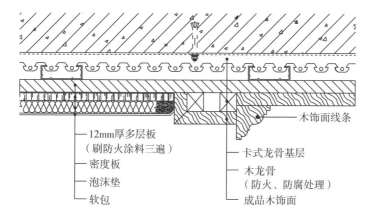

12mm厚多层板
（刷防火涂料三遍）
密度板
泡沫垫
软包

木饰面线条

卡式龙骨基层
木龙骨
（防火、防腐处理）
成品木饰面

▲ 木饰面与软包相接节点图

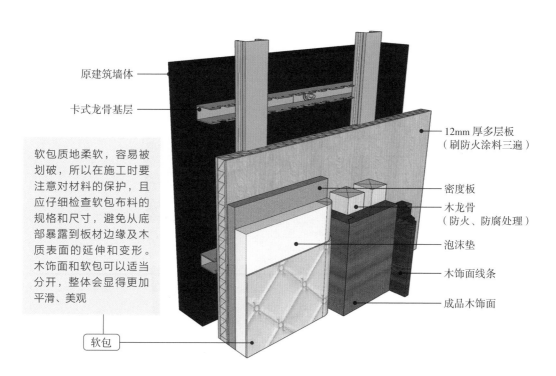

原建筑墙体

卡式龙骨基层

软包质地柔软，容易被划破，所以在施工时要注意对材料的保护，且应仔细检查软包布料的规格和尺寸，避免从底部暴露到板材边缘及木质表面的延伸和变形。木饰面和软包可以适当分开，整体会显得更加平滑、美观

软包

12mm厚多层板
（刷防火涂料三遍）

密度板

木龙骨
（防火、防腐处理）

泡沫垫

木饰面线条

成品木饰面

▲ 木饰面与软包相接三维示意图解析

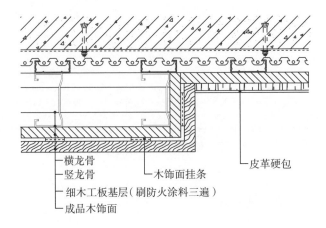

横龙骨
竖龙骨
细木工板基层（刷防火涂料三遍）
成品木饰面
木饰面挂条
皮革硬包

▲ 木饰面与硬包相接节点图

室内空间中，木饰面与硬包相接也是较为常见的一类室内节点，两种材料的碰撞，可以强化整体的装饰效果，当然，两者相接时应注意室内面积的大小，避免产生局促感

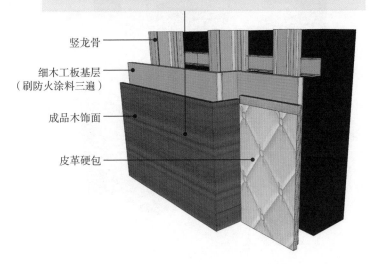

竖龙骨
细木工板基层（刷防火涂料三遍）
成品木饰面
皮革硬包

▲ 木饰面与硬包相接三维示意图解析

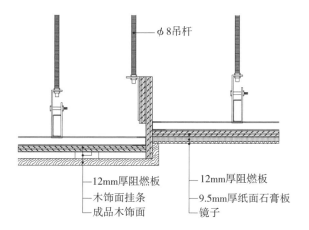

▲ 木饰面与镜子相接节点图

若木饰面颜色较深，很容易使空间产生压抑感，镜面则有扩大空间的效果，两者相互搭配使整体空间产生变化。用中性硅胶来粘贴镜面，使用免钉胶时要考虑镜子的自重进行打胶，粘贴后需要用固定物固定 24 h 后才能取下固定物

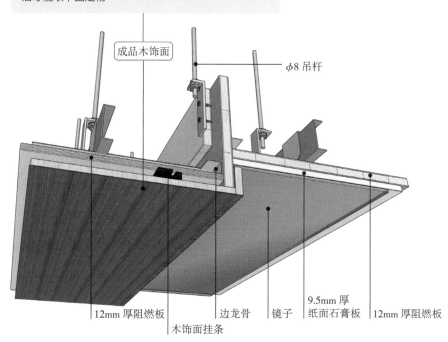

▲ 木饰面与镜子相接三维示意图解析

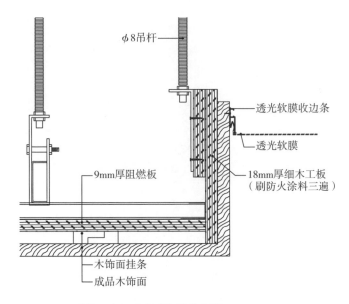

ϕ8吊杆

透光软膜收边条

透光软膜

18mm厚细木工板
（刷防火涂料三遍）

9mm厚阻燃板

木饰面挂条

成品木饰面

▲ 木饰面与透光软膜相接节点图

木饰面与透光软膜交接处用收边条对两者进行收边，用自攻螺钉将收边条固定在阻燃板上。在安装透光软膜时应注意一定要拉紧，将软膜安装平整，灯具与软膜的距离为 25~30cm，所有的消防、筒灯等需要空孔的位置都应预先开好孔

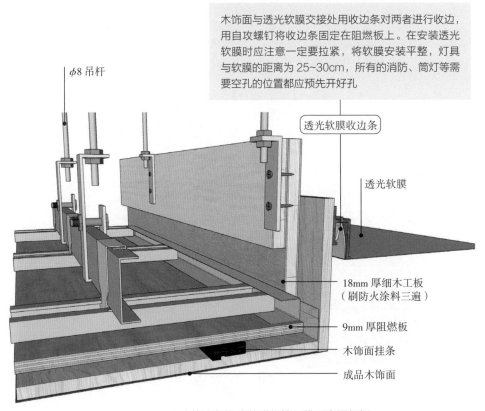

ϕ8 吊杆

透光软膜收边条

透光软膜

18mm 厚细木工板
（刷防火涂料三遍）

9mm 厚阻燃板

木饰面挂条

成品木饰面

▲ 木饰面与透光软膜相接三维示意图解析

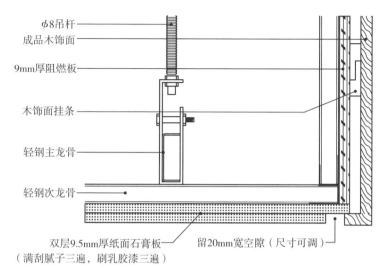

φ8吊杆
成品木饰面
9mm厚阻燃板
木饰面挂条
轻钢主龙骨
轻钢次龙骨
双层9.5mm厚纸面石膏板
（满刮腻子三遍，刷乳胶漆三遍）
留20mm宽空隙（尺寸可调）

▲ 木饰面与乳胶漆相接（1）节点图

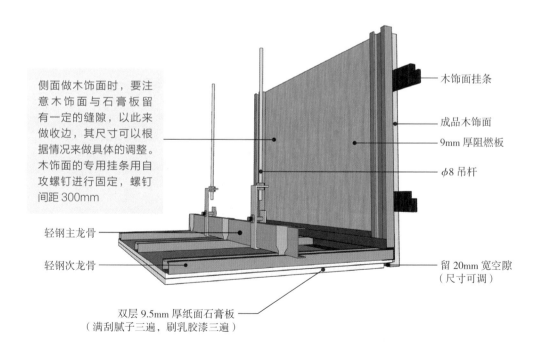

侧面做木饰面时，要注意木饰面与石膏板留有一定的缝隙，以此来做收边，其尺寸可以根据情况来做具体的调整。木饰面的专用挂条用自攻螺钉进行固定，螺钉间距300mm

木饰面挂条
成品木饰面
9mm 厚阻燃板
φ8 吊杆
轻钢主龙骨
轻钢次龙骨
留 20mm 宽空隙
（尺寸可调）
双层 9.5mm 厚纸面石膏板
（满刮腻子三遍，刷乳胶漆三遍）

▲ 木饰面与乳胶漆相接（1）三维示意图解析

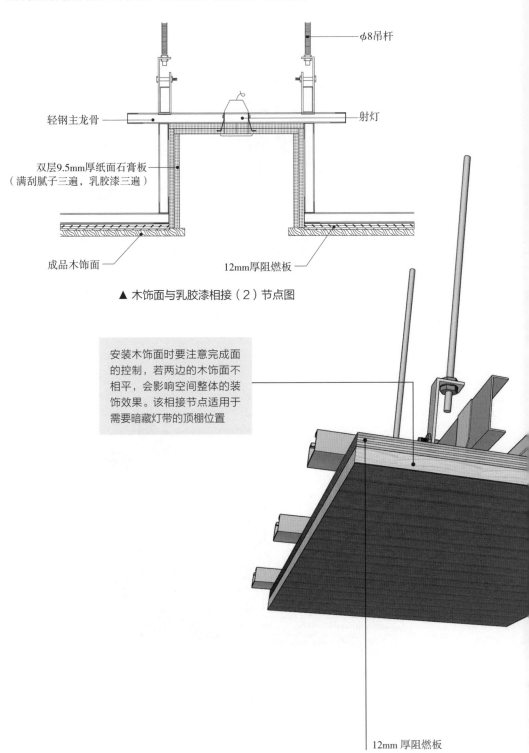

轻钢主龙骨

φ8吊杆

射灯

双层9.5mm厚纸面石膏板
（满刮腻子三遍，乳胶漆三遍）

成品木饰面

12mm厚阻燃板

▲ 木饰面与乳胶漆相接（2）节点图

安装木饰面时要注意完成面的控制，若两边的木饰面不相平，会影响空间整体的装饰效果。该相接节点适用于需要暗藏灯带的顶棚位置

12mm 厚阻燃板

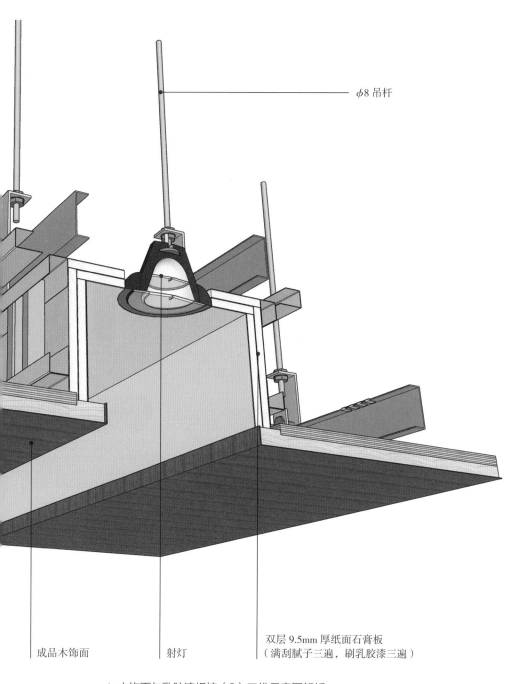

φ8 吊杆

成品木饰面

射灯

双层 9.5mm 厚纸面石膏板
（满刮腻子三遍，刷乳胶漆三遍）

▲ 木饰面与乳胶漆相接（2）三维示意图解析

第五节　玻璃

适用材料	三维示意图
一、常用构造与工法 　　装饰玻璃的安装方式主要分为胶粘法、点挂法、干挂法和框支撑法。其中胶粘法是最常用的内装玻璃安装方式。	

适用材料	三维示意图
● **胶粘法** 　　该种做法只适用于玻璃厚度 ≤ 6mm、单块面积 ≤ 1m² 的构造中	
● **点挂法** 　　多用于外墙或大面积玻璃饰面	
● **干挂法** 　　出于安全考虑，大面积安装玻璃时，通常会考虑采用干挂法的方式	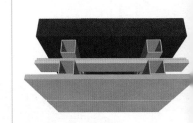
● **框支撑法** 　　这种做法非常适合悬空的玻璃地面以及大面积地面的结构处理，也是目前主流做法	

节点图	优点	缺点
自攻螺栓 膨胀螺栓 钢化玻璃 木基层防火处理 结构胶 40mm×40mm×3mm方钢 混凝土墙基层	• 施工简单 • 费用较低	• 粘贴强度低
∠50mm×50mm×5mm角钢固定件 膨胀螺栓 密封条 密封胶 钢化夹胶玻璃 □50mm×50mm×5mm方钢 不锈钢爪件 混凝土墙基层	• 安装灵活 • 安全性高	• 不够美观
竖向方钢 夹层钢化玻璃（不透明） 结构硅化胶 黑色双面胶带 金属挂件 横向方钢 不锈钢螺栓 角钢固定件	• 应用广泛，工作性能可靠。相对于暗框更易满足施工技术水平要求	• 对手工技术要求高些
专用胶水 硅酮（聚硅氧烷）密封圈 钢化夹胶安全玻璃 柔性垫层 定制金属龙骨 镀锌角钢 M8膨胀螺栓	• 安全性高 • 稳定性强	• 美观性差

二、与其他材料收口处理

玻璃运用在墙面时会遇到与其他材料相接的情况，因此收口也有所不同。这里主要介绍在进行墙柱面设计时玻璃与其他材料的相接节点。

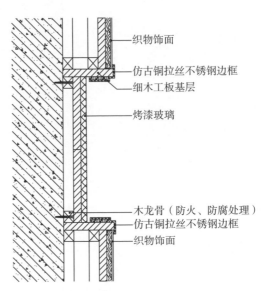

织物饰面

仿古铜拉丝不锈钢边框

细木工板基层

烤漆玻璃

木龙骨（防火、防腐处理）

仿古铜拉丝不锈钢边框

织物饰面

▲ 玻璃与不锈钢相接节点图

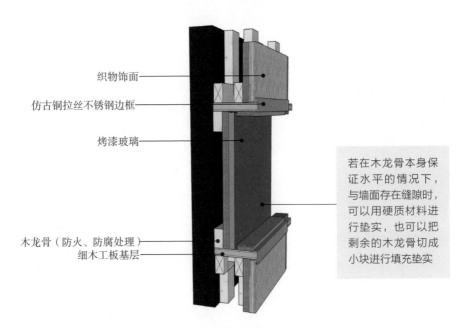

织物饰面

仿古铜拉丝不锈钢边框

烤漆玻璃

木龙骨（防火、防腐处理）

细木工板基层

若在木龙骨本身保证水平的情况下，与墙面存在缝隙时，可以用硬质材料进行垫实，也可以把剩余的木龙骨切成小块进行填充垫实

▲ 玻璃与不锈钢相接三维示意图解析

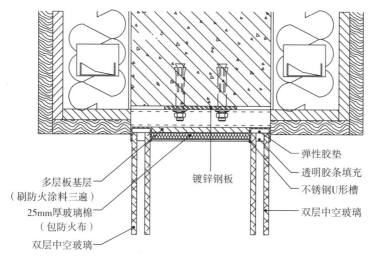

多层板基层
（刷防火涂料三遍）

25mm厚玻璃棉
（包防火布）

双层中空玻璃

镀锌钢板

弹性胶垫

透明胶条填充

不锈钢U形槽

双层中空玻璃

▲ 玻璃窗与墙面相接节点图

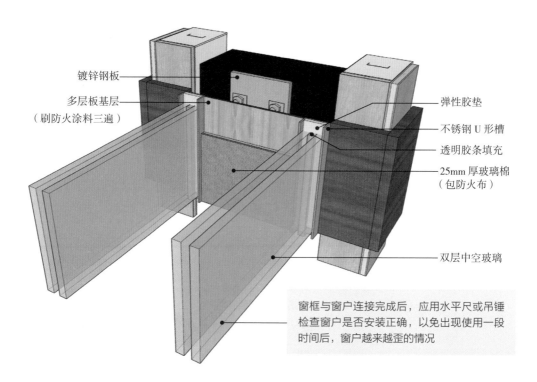

镀锌钢板

多层板基层
（刷防火涂料三遍）

弹性胶垫

不锈钢 U 形槽

透明胶条填充

25mm 厚玻璃棉
（包防火布）

双层中空玻璃

窗框与窗户连接完成后，应用水平尺或吊锤检查窗户是否安装正确，以免出现使用一段时间后，窗户越来越歪的情况

▲ 玻璃窗与墙面相接三维示意图解析

第六节　顶材

	应用场景	三维示意图

一、常用构造与工法

　　吊顶的本质是为了隐藏相关的管线而存在的一种顶面装饰措施，它是为了保证空间的美观性而存在的。顶面材料通用的工艺主要分为支撑卡件式、悬挂式、38卡式。

- 支撑卡件式

　　住宅、酒店、餐厅包间等小空间的平面吊顶

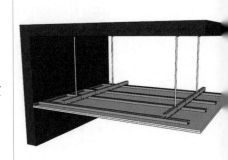

- 悬挂式

　　吊顶完成面厚度大于等于300mm的空间

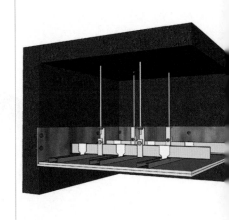

- 38卡式

　　吊顶完成面厚度为100~500mm的空间

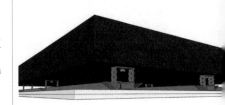

节点图	优点	缺点
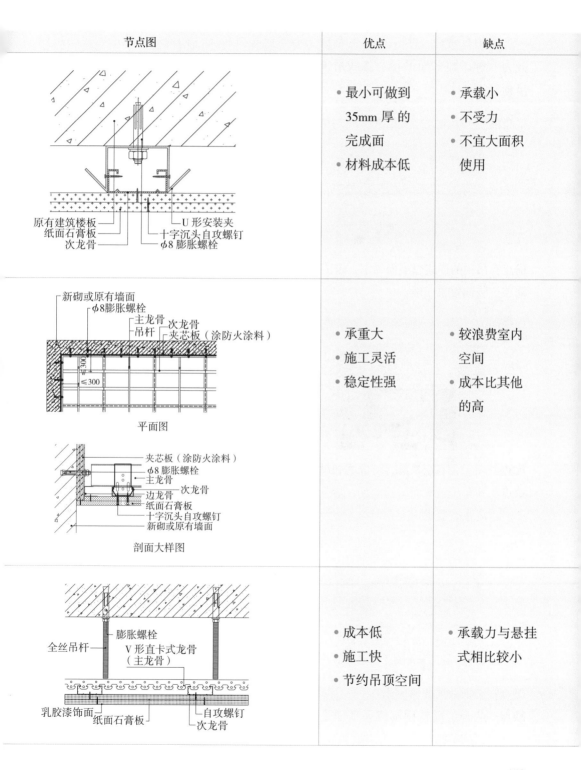 原有建筑楼板 纸面石膏板 次龙骨 U形安装夹 十字沉头自攻螺钉 φ8膨胀螺栓	• 最小可做到 35mm厚的 完成面 • 材料成本低	• 承载小 • 不受力 • 不宜大面积 使用
新砌或原有墙面 φ8膨胀螺栓 主龙骨　次龙骨 吊杆　夹芯板（涂防火涂料） 平面图 夹芯板（涂防火涂料） φ8膨胀螺栓 主龙骨 边龙骨　次龙骨 纸面石膏板 十字沉头自攻螺钉 新砌或原有墙面 剖面大样图	• 承重大 • 施工灵活 • 稳定性强	• 较浪费室内 空间 • 成本比其他 的高
膨胀螺栓 全丝吊杆　V形直卡式龙骨 （主龙骨） 乳胶漆饰面 纸面石膏板 自攻螺钉 次龙骨	• 成本低 • 施工快 • 节约吊顶空间	• 承载力与悬挂 式相比较小

二、常见设计手法

运用石膏板、木工板、生态板、饰面板等材料设计而成的吊顶造型主要可以分为六种，即平面吊顶、弧线吊顶、跌级吊顶、藻井式吊顶、穹形吊顶、格栅式吊顶。

平面吊顶

优点：吊顶的样式以平面为主，施工简单
缺点：装饰效果一般

弧线吊顶

优点：可以减少空间的缺陷
缺点：对板材要求较高，施工有一定的难度

跌级吊顶

优点：看上去有层次感，可以增加纵深感
缺点：预算相对平面吊顶要高，对空间层高也有要求

藻井式吊顶

优点：具有突出的立体感与厚重感
缺点：施工价格相对较高，适用的风格有限

穹形吊顶

优点：装饰效果非常突出
缺点：适合层高特别高或者顶面是尖屋顶的房间

格栅式吊顶

优点：拥有高性价比的吊顶，其施工方便快捷，不占用吊顶空间
缺点：相比家装，更适合工装使用

三、与其他材料收口处理

顶棚的饰面材料很多时候都是不同的材料拼接后共同形成的，这里着重介绍石膏板和金属材料的节点收口。

1. 顶棚石膏板与其他材料相接节点

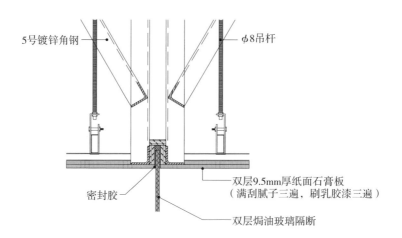

5号镀锌角钢　　　　　　　　　φ8吊杆

双层9.5mm厚纸面石膏板
（满刮腻子三遍，刷乳胶漆三遍）

密封胶

双层焗油玻璃隔断

▲ 纸面石膏板与玻璃隔断相接节点图

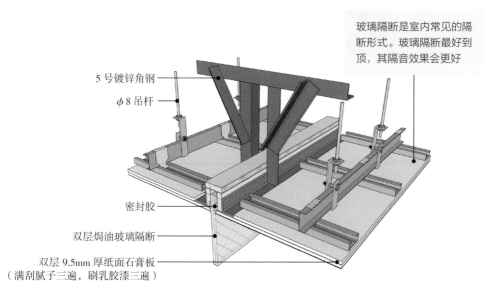

玻璃隔断是室内常见的隔断形式。玻璃隔断最好到顶，其隔音效果会更好

5号镀锌角钢

φ8吊杆

密封胶

双层焗油玻璃隔断

双层9.5mm厚纸面石膏板
（满刮腻子三遍，刷乳胶漆三遍）

▲ 纸面石膏板与玻璃隔断相接三维示意图解析

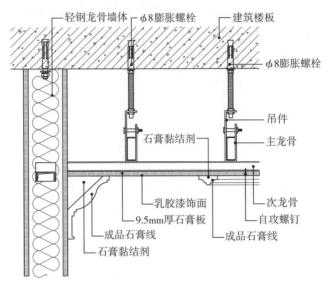

轻钢龙骨墙体　φ8膨胀螺栓　建筑楼板

φ8膨胀螺栓

吊件

主龙骨

石膏黏结剂

乳胶漆饰面

次龙骨

9.5mm厚石膏板

自攻螺钉

成品石膏线

成品石膏线

石膏黏结剂

▲ 纸面石膏板与石膏线条相接节点图

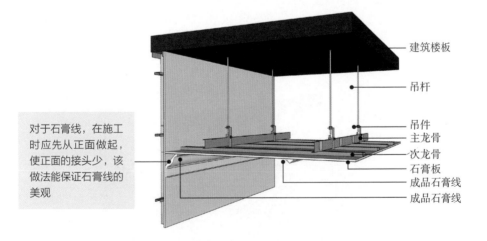

建筑楼板

吊杆

吊件

主龙骨

次龙骨

石膏板

成品石膏线

成品石膏线

对于石膏线，在施工时应先从正面做起，使正面的接头少，该做法能保证石膏线的美观

▲ 纸面石膏板与石膏线条相接三维示意图解析

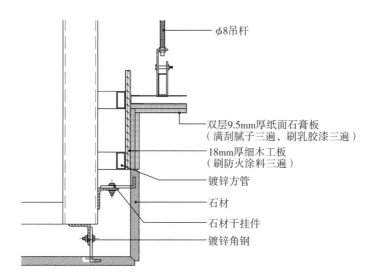

φ8吊杆

双层9.5mm厚纸面石膏板
（满刮腻子三遍，刷乳胶漆三遍）

18mm厚细木工板
（刷防火涂料三遍）

镀锌方管

石材

石材干挂件

镀锌角钢

▲ 纸面石膏板面饰乳胶漆与石材相接节点图

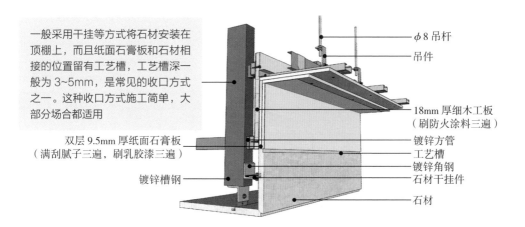

一般采用干挂等方式将石材安装在顶棚上，而且纸面石膏板和石材相接的位置留有工艺槽，工艺槽深一般为3~5mm，是常见的收口方式之一。这种收口方式施工简单，大部分场合都适用

φ8吊杆

吊件

18mm厚细木工板
（刷防火涂料三遍）

镀锌方管

工艺槽

镀锌角钢

石材干挂件

石材

双层9.5mm厚纸面石膏板
（满刮腻子三遍，刷乳胶漆三遍）

镀锌槽钢

▲ 纸面石膏板面饰乳胶漆与石材相接三维示意图解析

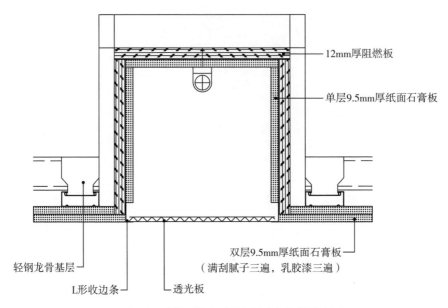

12mm厚阻燃板

单层9.5mm厚纸面石膏板

双层9.5mm厚纸面石膏板
（满刮腻子三遍，乳胶漆三遍）

轻钢龙骨基层

L形收边条

透光板

▲ 纸面石膏板面饰乳胶漆与透光板相接节点图

透光板更加轻盈，光学效果多样，力学结构合理，较其他透光材料抗弯折能力更强，有一定的隔音和隔热特性。在透光云石的边缘安装 L 形不锈钢收边条，并用自攻螺钉固定于 12mm 厚阻燃板基层上

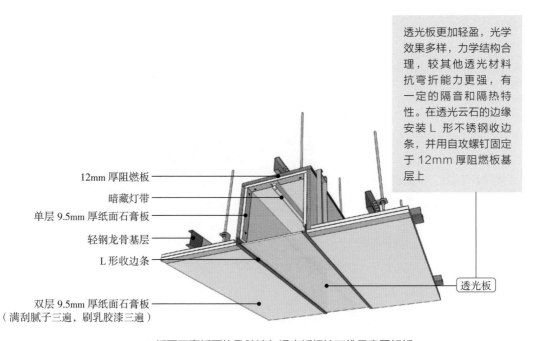

12mm 厚阻燃板

暗藏灯带

单层 9.5mm 厚纸面石膏板

轻钢龙骨基层

L 形收边条

双层 9.5mm 厚纸面石膏板
（满刮腻子三遍，刷乳胶漆三遍）

透光板

▲ 纸面石膏板面饰乳胶漆与透光板相接三维示意图解析

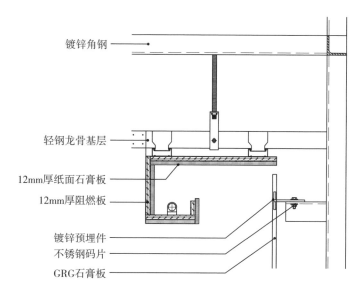

镀锌角钢

轻钢龙骨基层

12mm厚纸面石膏板

12mm厚阻燃板

镀锌预埋件

不锈钢码片

GRG石膏板

▲ GRG 石膏板与乳胶漆相接节点图

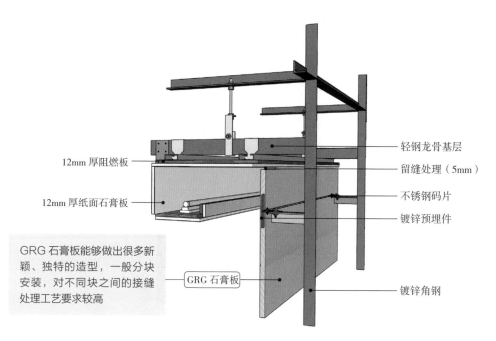

12mm 厚阻燃板

12mm 厚纸面石膏板

GRG 石膏板能够做出很多新颖、独特的造型，一般分块安装，对不同块之间的接缝处理工艺要求较高

GRG 石膏板

轻钢龙骨基层

留缝处理（5mm）

不锈钢码片

镀锌预埋件

镀锌角钢

▲ GRG 石膏板与乳胶漆相接三维示意图解析

2. 顶棚金属与其他材料相接节点

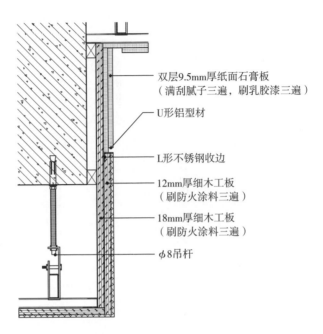

双层9.5mm厚纸面石膏板
（满刮腻子三遍，刷乳胶漆三遍）

U形铝型材

L形不锈钢收边

12mm厚细木工板
（刷防火涂料三遍）

18mm厚细木工板
（刷防火涂料三遍）

φ8吊杆

▲ 金属板与乳胶漆相接节点图

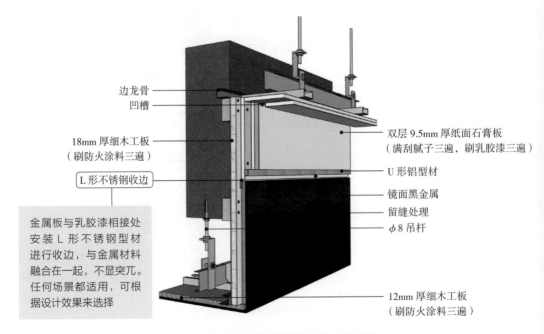

边龙骨
凹槽

18mm 厚细木工板
（刷防火涂料三遍）

L形不锈钢收边

金属板与乳胶漆相接处
安装 L 形不锈钢型材
进行收边，与金属材料
融合在一起，不显突兀。
任何场景都适用，可根
据设计效果来选择

双层 9.5mm 厚纸面石膏板
（满刮腻子三遍，刷乳胶漆三遍）

U 形铝型材

镜面黑金属

留缝处理

φ8 吊杆

12mm 厚细木工板
（刷防火涂料三遍）

▲ 金属板与乳胶漆相接三维示意图解析

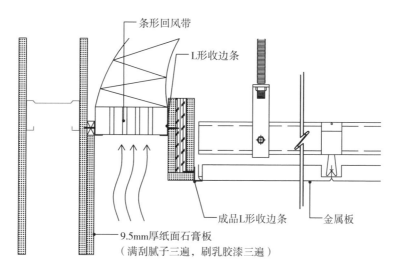

条形回风带

L形收边条

成品L形收边条

金属板

9.5mm厚纸面石膏板
（满刮腻子三遍，刷乳胶漆三遍）

▲ 金属板与风口相接节点图

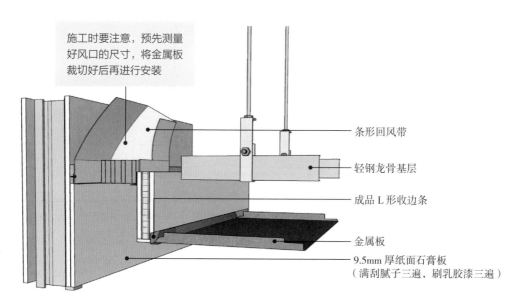

施工时要注意，预先测量
好风口的尺寸，将金属板
裁切好后再进行安装

条形回风带

轻钢龙骨基层

成品L形收边条

金属板

9.5mm厚纸面石膏板
（满刮腻子三遍，刷乳胶漆三遍）

▲ 金属板与风口相接三维示意图解析

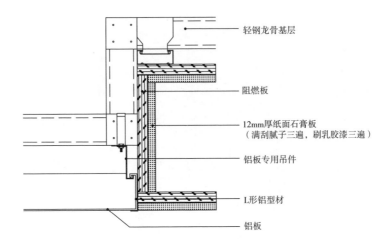

轻钢龙骨基层

阻燃板

12mm厚纸面石膏板
（满刮腻子三遍，刷乳胶漆三遍）

铝板专用吊件

L形铝型材

铝板

▲ 铝板与乳胶漆相接节点图

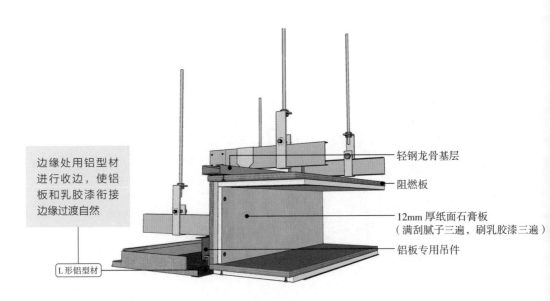

边缘处用铝型材
进行收边，使铝
板和乳胶漆衔接
边缘过渡自然

L形铝型材

轻钢龙骨基层

阻燃板

12mm 厚纸面石膏板
（满刮腻子三遍，刷乳胶漆三遍）

铝板专用吊件

▲ 铝板与乳胶漆相接三维示意图解析

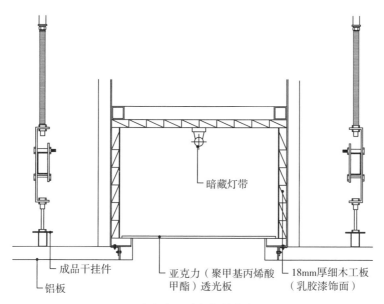

成品干挂件

铝板

亚克力（聚甲基丙烯酸甲酯）透光板

18mm厚细木工板（乳胶漆饰面）

暗藏灯带

▲ 铝板与透光板相接节点图

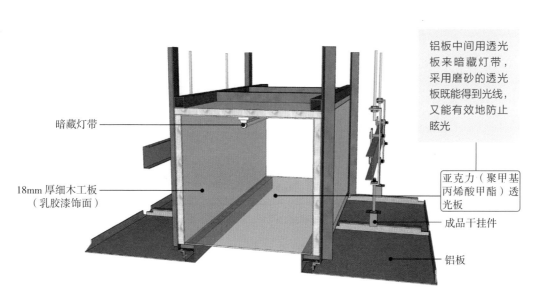

暗藏灯带

18mm厚细木工板（乳胶漆饰面）

铝板中间用透光板来暗藏灯带，采用磨砂的透光板既能得到光线，又能有效地防止眩光

亚克力（聚甲基丙烯酸甲酯）透光板

成品干挂件

铝板

▲ 铝板与透光板相接三维示意图解析

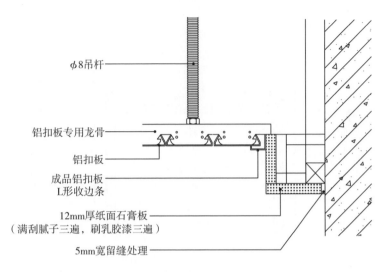

φ8吊杆

铝扣板专用龙骨

铝扣板

成品铝扣板
L形收边条

12mm厚纸面石膏板
（满刮腻子三遍，刷乳胶漆三遍）

5mm宽留缝处理

▲ 铝扣板与纸面石膏板相接节点图

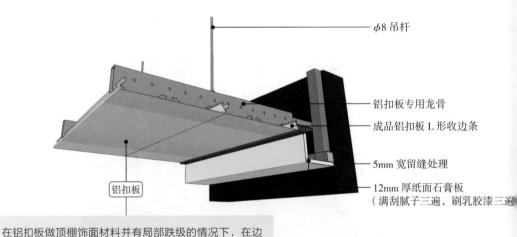

φ8 吊杆

铝扣板专用龙骨

成品铝扣板 L 形收边条

5mm 宽留缝处理

12mm 厚纸面石膏板
（满刮腻子三遍，刷乳胶漆三遍

铝扣板

在铝扣板做顶棚饰面材料并有局部跌级的情况下，在边缘位置可以选择用纸面石膏板，铝扣板的切割及安装没有纸面石膏板简单、方便

▲ 铝扣板与纸面石膏板相接三维示意图解析

4

第四章 ●

照明设计与布置

  合理的照明设计与布置可以带来更舒适、更有氛围的居住环境，但是空间中光源的照射方式千变万化，根据不同的投射角度与方式，产生各种不同的功能与效果。因此本章不仅总结了照明技巧和布置方法，还根据人体工程学将灯具的布置尺寸进行了介绍。最后对常用的照明节点进行了总结，按照灯具类型的不同，总结出不同灯具的常用节点，满足读者能快速使用的需求。

第一节　照明选择与计算

一、按配光特性选择灯具

　　根据灯具光通量在上、下半个空间的分布比例，国际照明委员会（CIE）推荐将一般室内照明灯具分为五类：直接型灯具、半直接型灯具、直接－间接（均匀扩散）型灯具、半间接型灯具和间接型灯具。

灯具分类

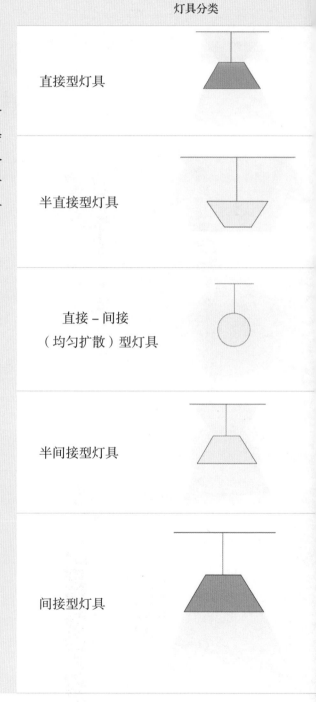

直接型灯具	
半直接型灯具	
直接－间接（均匀扩散）型灯具	
半间接型灯具	
间接型灯具	

特点	适用场所	不适用场所
上射光通量比与下射光通量比几乎相等,直接眩光较小	适合用在要求高照度的工作场所,能使空间显得宽敞明亮,适用于餐厅与购物场所	不适合用在需要显示空间处理有主有次的场所
上射光通量比在 40% 以内,下射光供工作照明,上射光供环境照明,可缓解阴影,使室内有适合各种活动的亮度	是最实用的均匀作业照明灯具,广泛用于高级会议室、办公室等场所	不适合用在很注重外观设计的场所
上射光通量比与下射光通量比几乎相等,直接眩光较小	一般适用于要求高照度的工作场所,能使空间显得宽敞明亮,例如餐厅与购物场所	不适合用在需要显示空间处理有主有次的场所
上射光通量比超过 60%,但灯的底面也发光,所以灯具显得明亮	一般用在需增强照明的手工作业场所	避免用在楼梯间,以免使下楼者产生眩光
上射光通量比超过 90%,因顶棚明亮,反衬出了灯具的影子	适合用在目的为显示顶棚图案、高度为 2.8~5m 的非工作场所的照明,或者用于高度为 2.8~3.6m、视觉作业涉及泛光纸张、反光墨水的精细作业场所的照明	不适合用在顶棚无装修、管道外露的空间;或视觉作业是以地面设施为观察目标的空间;一般工业生产厂房

二、室内照明灯具布置计算

室内空间的灯具布置可以根据不同的公式进行估算或较为精确的计算，比如灯具的数量与照度标准值和光通量有很大的关系，灯具的布置间距等都可以通过计算得出。

1. 空间照度计算

平均照度 E_{av} 的计算公式如下所示。

$$E_{\mathrm{av}} = \frac{n\Phi uM}{A}$$

式中，n 为灯具数量；Φ 为每个灯的光通量；u 为利用系数；A 为水平工作面面积；M 为光损失因数。

2. 灯具布置高度计算

灯具的形式	漫射罩	灯泡玻璃壳	保护角/ (°)	最低悬挂高度 / m			
				灯泡功率 / W			
				≤ 100	150~200	300~500	> 500
带反射罩的集照型灯具	无	透明	10~30	2.5	3.0	3.5	4.0
			> 30	2.0	2.5	3.0	3.5
		磨砂	10~90	2.0	2.5	3.0	3.5
	0°~90°区域内为磨砂玻璃	任意	≤ 20	2.5	3.0	3.5	4.0
			> 20	2.0	2.5	3.0	3.5
	0°~90°区域内为乳白玻璃	任意	≤ 20	2.0	2.5	3.0	3.5
			> 20	2.0	2.0	2.5	3.0
带反射罩的泛照型灯具	无	透明	任意	4.0	4.5	5.0	6.0

灯具的形式	漫射罩	灯泡玻璃壳	保护角/ (°)	最低悬挂高度 / m			
				灯泡功率 / W			
				≤ 100	150~200	300~500	> 500
带漫反射罩的灯具	0°~90°区域内为乳白玻璃	任意	任意	2.0	2.5	3.0	3.5
	40°~90°区域内为乳白玻璃	透明	任意	2.5	3.0	3.5	4.0
	60°~90°区域内为乳白玻璃	透明	任意	3.0	3.0	3.5	4.0
	0°~90°区域内为磨砂玻璃	任意	任意	3.0	3.5	4.0	4.5
裸灯	无	磨砂	任意	3.5	4.0	4.5	6.0

3. 灯具间最佳相对距离计算

灯具形式	相对距离 /m		宜用单行布置的房间宽度 /m
	多行布置	单行布置	
乳白玻璃球形，防水防尘灯、顶棚灯	2.3~3.2	1.9~2.5	1.3H
无漫透射罩配罩型灯，双罩型灯	1.8~2.5	1.8~2.0	1.2H
搪瓷深罩型灯	1.6~1.8	1.5~1.8	1.0H
镜面深罩型灯	1.2~1.4	1.2~1.4	0.7H
有反射罩的荧光灯具	1.4~1.5	—	—
有反射罩并带格栅的荧光灯具	1.2~1.4	—	—

注：相对距离为 L/H 值。其中，L 表示两灯的间距，m；H 表示灯具安装高度，m。

4. 灯具尺寸选择与参考

不同的灯具其安装尺寸不同，在不同空间也会有不同的布局参考。常见的灯具如吸顶灯、吊灯、筒灯、射灯等都有其合适的尺寸参考。

灯具名称	布置尺寸
吸顶灯	 $L=[（1/10）\sim（1/8）]\times$ 房间对角线长度
吊灯（客厅）	 2200
吊灯（餐厅）	 700~750
筒灯 / 射灯	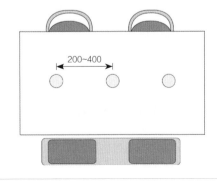 200~400

	功率色温建议特点
吸顶灯的长度以房间对角线长度的（1/10）~（1/8）为准来选择大小，会比较合适	• 顶棚较亮 • 房间明亮 • 眩光可控 • 光利用率高 • 易于安装和维护 • 费用低
客厅吊灯正常离地高度为2200mm比较合适	• 光利用率高 • 易于安装和维护 • 费用低 • 顶棚有时会出现暗区
吊下的高度一般是在餐桌上方的700~750mm，灯具长度一般为餐桌长度的1/3左右比较合适	
用作基础照明时，灯与灯之间间距为1200~1500mm；用作重点照明时，灯与灯之间间距为200~400mm	• 与吊顶系统组合在一起 • 眩光可控 • 光利用率比吸顶式低 • 顶棚与灯具的亮度对比大，顶棚暗 • 费用高

第二节　照明设计节点

一、吊灯安装节点

　　吊灯安装时要注意其质量，轻型吊灯通常是指质量在 3kg 以下的吊灯，其安装方式通常较为简单，只需在其需要安装的位置上留出电线即可。重型吊灯是指单个灯具质量＞3kg 的吊灯，安装时一定要装在龙骨上。

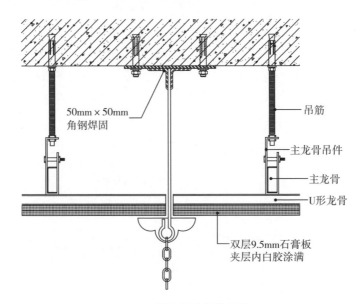

▲ 重型吊灯的安装节点图

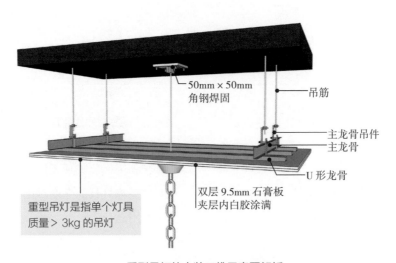

▲ 重型吊灯的安装三维示意图解析

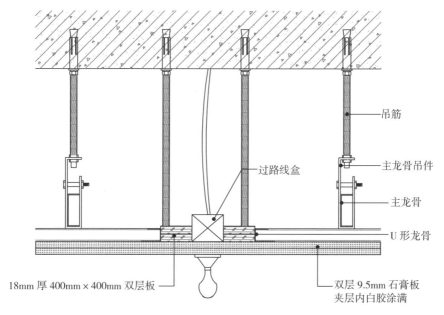

吊筋

过路线盒

主龙骨吊件

主龙骨

U 形龙骨

18mm 厚 400mm × 400mm 双层板

双层 9.5mm 石膏板
夹层内白胶涂满

▲ 轻型吊灯的安装节点图

吊筋

过路线盒

主龙骨吊件
主龙骨

双层 9.5mm 石膏板
夹层内白胶涂满

U 形龙骨

18mm 厚 400mm × 400mm 双层板

轻型吊灯通常是指质量在 3kg
以下的吊灯，其安装方式通常
较为简单，只需在其需要安装
的位置上留出电线即可

▲ 轻型吊灯的安装三维示意图解析

二、筒灯／射灯安装节点

筒灯与射灯的安装方式相同，质量＜1kg的筒灯／射灯，可直接安装在石膏板或者其他饰面板上；质量＜3kg的筒灯／射灯必须安装在次龙骨上，且主龙骨的排布应与灯具的位置错开，不应切断主龙骨。若必须切断主龙骨，应做加强或其他补救措施。

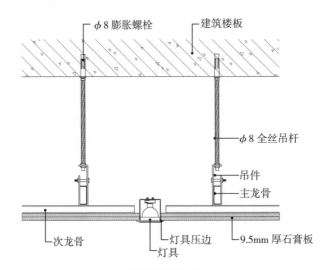

▲ 平顶嵌装筒灯节点图

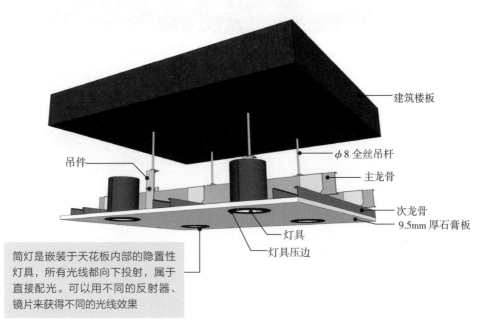

筒灯是嵌装于天花板内部的隐置性灯具，所有光线都向下投射，属于直接配光。可以用不同的反射器、镜片来获得不同的光线效果

▲ 平顶嵌装筒灯三维示意图解析

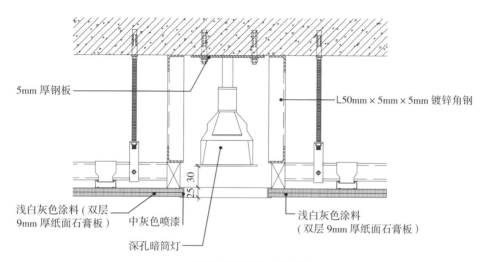

5mm 厚钢板

L50mm × 5mm × 5mm 镀锌角钢

浅白灰色涂料（双层 9mm 厚纸面石膏板）

中灰色喷漆

深孔暗筒灯

25　30

浅白灰色涂料（双层 9mm 厚纸面石膏板）

▲ 格栅内嵌装筒灯节点图

目前家居空间中更多会选择 LED 筒灯，常见的尺寸有 2.5in、3in、4in、5in、6in、7in、8in、9in、10in、12in 这几种（1in=2.54cm）

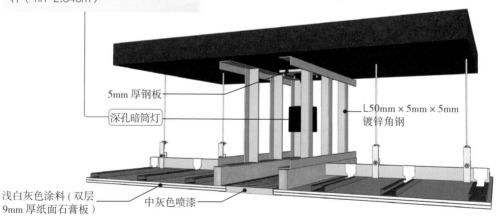

5mm 厚钢板

深孔暗筒灯

L50mm × 5mm × 5mm 镀锌角钢

浅白灰色涂料（双层 9mm 厚纸面石膏板）

中灰色喷漆

▲ 格栅内嵌装筒灯三维示意图解析

三、灯带安装节点

灯带的应用位置非常多，常见的位置有平顶灯带、顶棚跌级内暗藏灯带、顶棚带石膏线条暗藏灯带等。

1. 平顶灯带

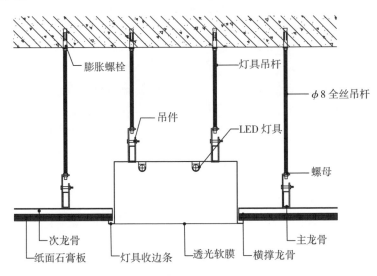

膨胀螺栓　　灯具吊杆　　φ8 全丝吊杆　　吊件　　LED 灯具　　螺母　　次龙骨　　纸面石膏板　　灯具收边条　　透光软膜　　横撑龙骨　　主龙骨

▲ 平顶灯带节点图

φ8 全丝吊杆　　吊件　　螺母　　LED 灯具　　主龙骨　　次龙骨　　纸面石膏板　　灯具收边条

灯带暗藏在顶棚的中间结构而非靠近墙体的位置，能达到不同的装饰效果

▲ 平顶灯带三维示意图解析

2. 顶棚跌级内暗藏灯带

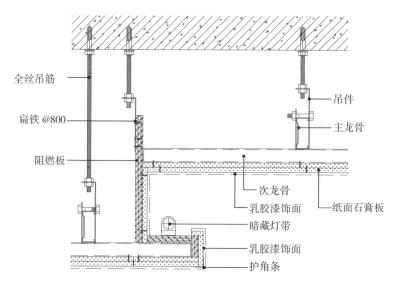

全丝吊筋

扁铁 @800

阻燃板

吊件

主龙骨

次龙骨

乳胶漆饰面

暗藏灯带

乳胶漆饰面

护角条

纸面石膏板

▲ 顶棚跌级内暗藏灯带节点图

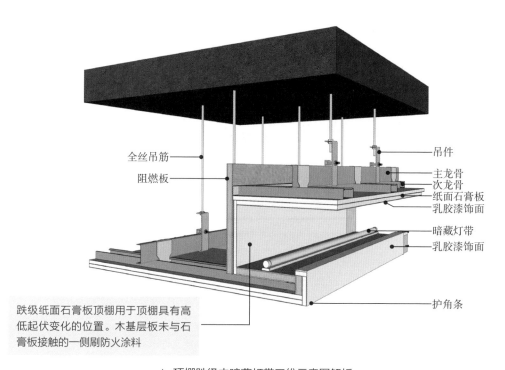

全丝吊筋

阻燃板

吊件

主龙骨

次龙骨

纸面石膏板

乳胶漆饰面

暗藏灯带

乳胶漆饰面

护角条

跌级纸面石膏板顶棚用于顶棚具有高低起伏变化的位置。木基层板未与石膏板接触的一侧刷防火涂料

▲ 顶棚跌级内暗藏灯带三维示意图解析

3. 顶棚带石膏线条暗藏灯带

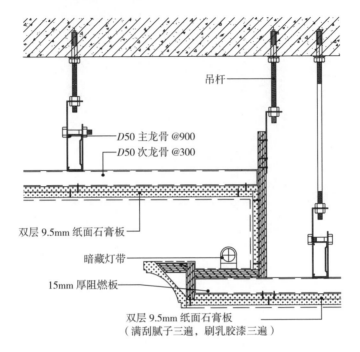

▲ 带石膏线条暗藏灯带的顶棚节点图

图中标注：
- 吊杆
- D50 主龙骨 @900
- D50 次龙骨 @300
- 双层 9.5mm 纸面石膏板
- 暗藏灯带
- 15mm 厚阻燃板
- 双层 9.5mm 纸面石膏板（满刮腻子三遍，刷乳胶漆三遍）

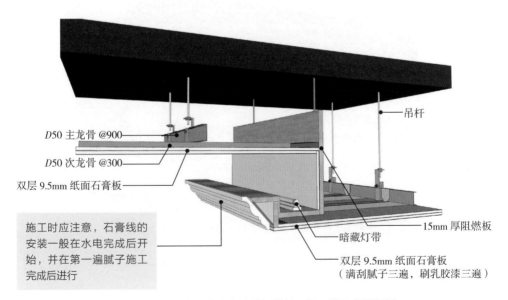

图中标注：
- 吊杆
- D50 主龙骨 @900
- D50 次龙骨 @300
- 双层 9.5mm 纸面石膏板
- 15mm 厚阻燃板
- 暗藏灯带
- 双层 9.5mm 纸面石膏板（满刮腻子三遍，刷乳胶漆三遍）

施工时应注意，石膏线的安装一般在水电完成后开始，并在第一遍腻子施工完成后进行

▲ 带石膏线条暗藏灯带的顶棚三维示意图解析

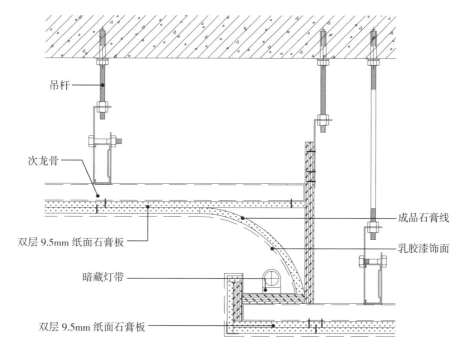

吊杆

次龙骨

双层 9.5mm 纸面石膏板

暗藏灯带

双层 9.5mm 纸面石膏板

成品石膏线

乳胶漆饰面

▲ 带弧形石膏线条暗藏灯带的顶棚（曲面半径＜ 300mm）节点图

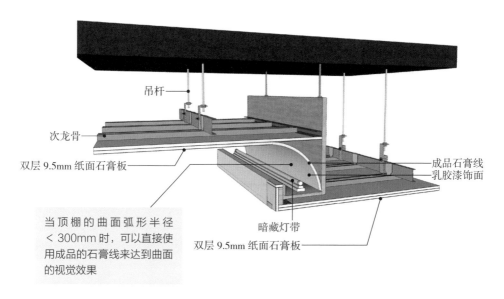

吊杆

次龙骨

双层 9.5mm 纸面石膏板

成品石膏线
乳胶漆饰面

暗藏灯带

双层 9.5mm 纸面石膏板

当顶棚的曲面弧形半径
＜ 300mm 时，可以直接使
用成品的石膏线来达到曲面
的视觉效果

▲ 带弧形石膏线条暗藏灯带的顶棚（曲面半径＜ 300mm）三维示意图解析

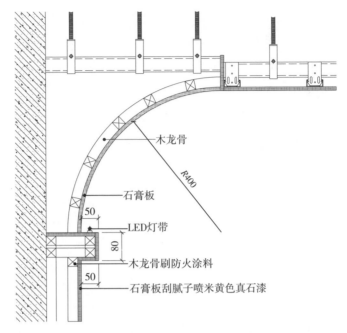

木龙骨

石膏板

LED灯带

木龙骨刷防火涂料

石膏板刮腻子喷米黄色真石漆

▲ 带弧形石膏线条暗藏灯带的顶棚（300mm ＜曲面半径＜ 1000mm）节点图

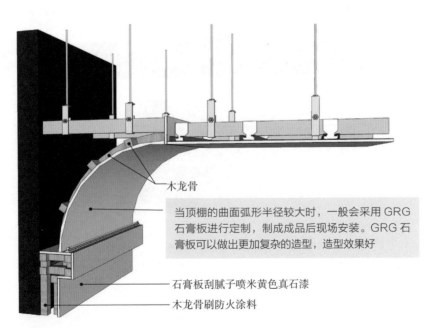

木龙骨

当顶棚的曲面弧形半径较大时，一般会采用 GRG 石膏板进行定制，制成成品后现场安装。GRG 石膏板可以做出更加复杂的造型，造型效果好

石膏板刮腻子喷米黄色真石漆

木龙骨刷防火涂料

▲ 带弧形石膏线条暗藏灯带的顶棚（300mm ＜曲面半径＜ 1000mm）三维示意图解析

4. 出风口暗藏灯带

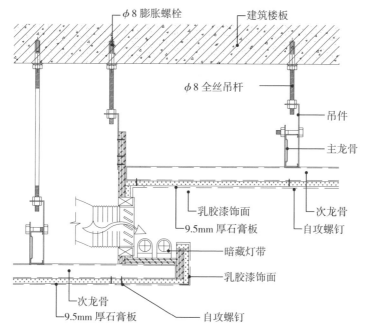

φ8 膨胀螺栓
建筑楼板
φ8 全丝吊杆
吊件
主龙骨
乳胶漆饰面
9.5mm 厚石膏板
次龙骨
自攻螺钉
暗藏灯带
乳胶漆饰面
次龙骨
9.5mm 厚石膏板
自攻螺钉

▲ 侧出风口暗藏灯带的顶棚节点图

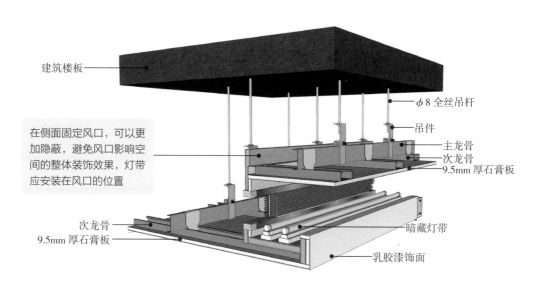

建筑楼板

在侧面固定风口，可以更加隐蔽，避免风口影响空间的整体装饰效果，灯带应安装在风口的位置

φ8 全丝吊杆
吊件
主龙骨
次龙骨
9.5mm 厚石膏板

次龙骨
9.5mm 厚石膏板
暗藏灯带
乳胶漆饰面

▲ 侧出风口暗藏灯带的顶棚三维示意图解析

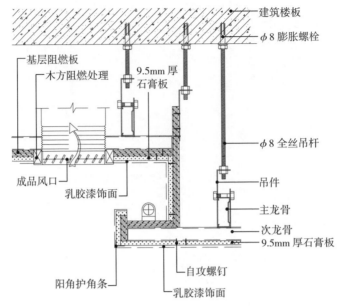

▲ 下出风口暗藏灯带的顶棚节点图

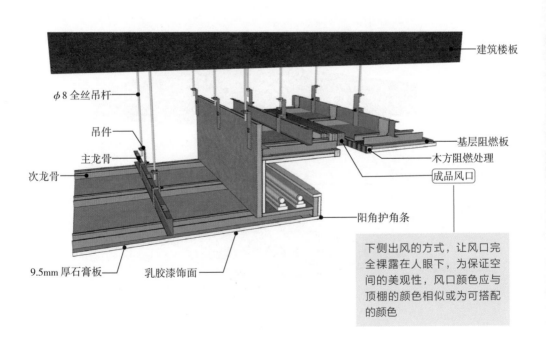

下侧出风的方式，让风口完全裸露在人眼下，为保证空间的美观性，风口颜色应与顶棚的颜色相似或为可搭配的颜色

▲ 下出风口暗藏灯带的顶棚三维示意图解析

5. 窗帘盒暗藏灯带

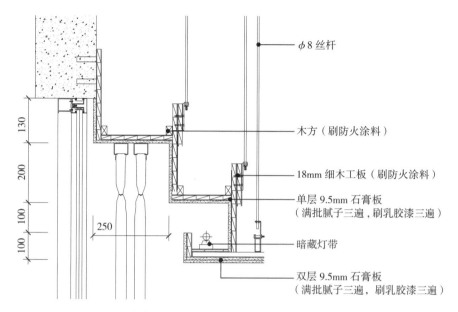

▲ 窗帘盒暗藏灯带的顶棚（低于窗户）节点图

（图中标注）
- φ8 丝杆
- 木方（刷防火涂料）
- 18mm 细木工板（刷防火涂料）
- 单层 9.5mm 石膏板（满批腻子三遍，刷乳胶漆三遍）
- 暗藏灯带
- 双层 9.5mm 石膏板（满批腻子三遍，刷乳胶漆三遍）

尺寸：130、200、100、100、250

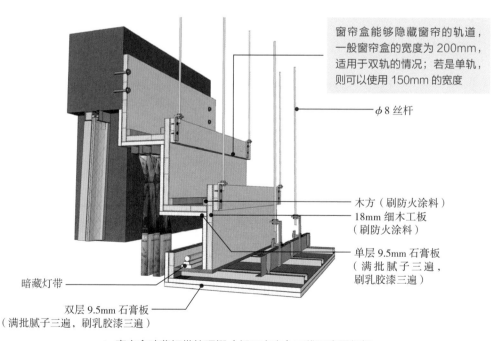

窗帘盒能够隐藏窗帘的轨道，一般窗帘盒的宽度为 200mm，适用于双轨的情况；若是单轨，则可以使用 150mm 的宽度

- φ8 丝杆
- 木方（刷防火涂料）
- 18mm 细木工板（刷防火涂料）
- 单层 9.5mm 石膏板（满批腻子三遍，刷乳胶漆三遍）
- 暗藏灯带
- 双层 9.5mm 石膏板（满批腻子三遍，刷乳胶漆三遍）

▲ 窗帘盒暗藏灯带的顶棚（低于窗户）三维示意图解析

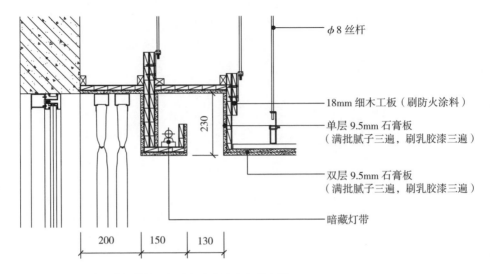

φ 8 丝杆

18mm 细木工板（刷防火涂料）

单层 9.5mm 石膏板
（满批腻子三遍，刷乳胶漆三遍）

双层 9.5mm 石膏板
（满批腻子三遍，刷乳胶漆三遍）

暗藏灯带

▲ 窗帘盒暗藏灯带的顶棚（与窗户平齐）节点图

灯带和窗帘中间间隔着细木工板，
或者和窗户留有一定的距离，能
够有效防止火灾等安全隐患

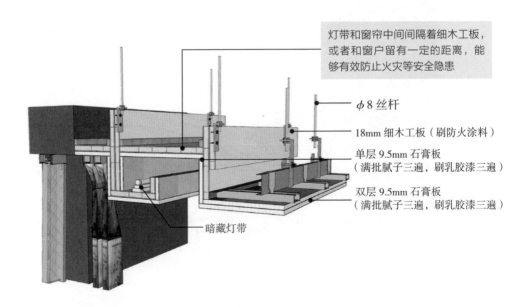

φ 8 丝杆

18mm 细木工板（刷防火涂料）

单层 9.5mm 石膏板
（满批腻子三遍，刷乳胶漆三遍）

双层 9.5mm 石膏板
（满批腻子三遍，刷乳胶漆三遍）

暗藏灯带

▲ 窗帘盒暗藏灯带的顶棚（与窗户平齐）三维示意图解析

6. 墙面造型内暗藏灯带

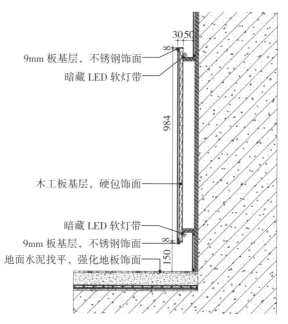

9mm 板基层，不锈钢饰面
暗藏 LED 软灯带

木工板基层，硬包饰面

暗藏 LED 软灯带
9mm 板基层，不锈钢饰面
地面水泥找平，强化地板饰面

▲ 卧室床头造型内暗藏灯带节点图

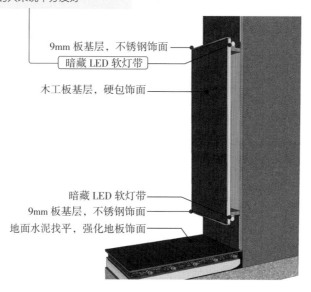

卧室床头的暗藏灯带通常亮度较弱，不会影响普通人的睡眠，对一些喜欢开灯睡觉的人来说十分友好

9mm 板基层，不锈钢饰面
暗藏 LED 软灯带

木工板基层，硬包饰面

暗藏 LED 软灯带
9mm 板基层，不锈钢饰面
地面水泥找平，强化地板饰面

▲ 卧室床头造型内暗藏灯带三维示意图解析

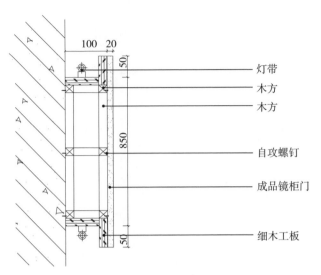

100 20

50

850

50

灯带

木方

木方

自攻螺钉

成品镜柜门

细木工板

▲ 卫浴间镜子内暗藏灯带节点图

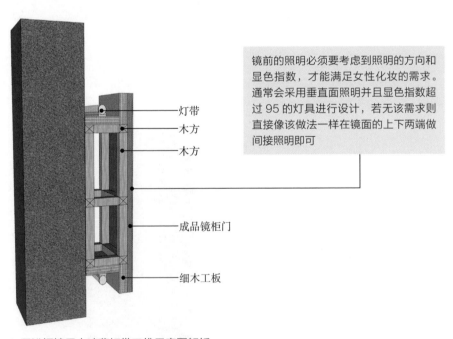

灯带

木方

木方

成品镜柜门

细木工板

镜前的照明必须要考虑到照明的方向和显色指数，才能满足女性化妆的需求。通常会采用垂直面照明并且显色指数超过 95 的灯具进行设计，若无该需求则直接像该做法一样在镜面的上下两端做间接照明即可

▲ 卫浴间镜子内暗藏灯带三维示意图解析

7. 墙面内凹式阳角内暗藏灯带

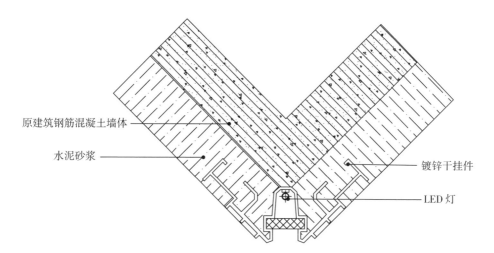

原建筑钢筋混凝土墙体

水泥砂浆

镀锌干挂件

LED 灯

▲ 墙面内凹式阳角内暗藏灯带节点图

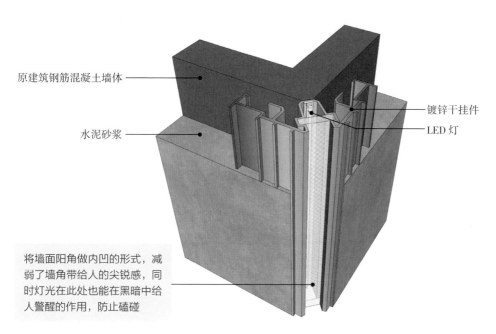

原建筑钢筋混凝土墙体

水泥砂浆

镀锌干挂件

LED 灯

将墙面阳角做内凹的形式，减弱了墙角带给人的尖锐感，同时灯光在此处也能在黑暗中给人警醒的作用，防止磕碰

▲ 墙面内凹式阳角内暗藏灯带三维示意图解析

8. 墙面砖阳角处暗藏灯带

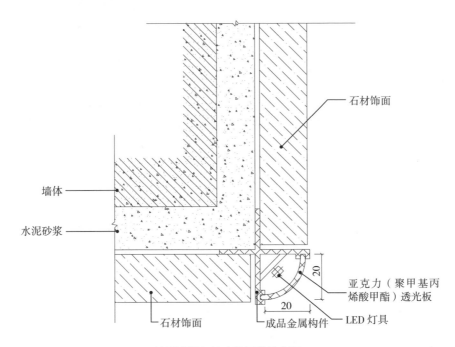

石材饰面

墙体

水泥砂浆

亚克力（聚甲基丙烯酸甲酯）透光板

20

20

石材饰面

成品金属构件

LED 灯具

▲ 墙面砖阳角处暗藏灯带节点图

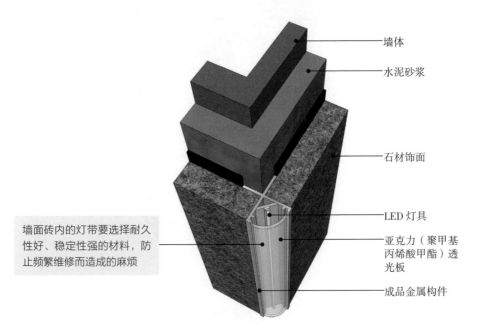

墙体

水泥砂浆

石材饰面

LED 灯具

亚克力（聚甲基丙烯酸甲酯）透光板

成品金属构件

墙面砖内的灯带要选择耐久性好、稳定性强的材料，防止频繁维修而造成的麻烦

▲ 墙面砖阳角处暗藏灯带三维示意图解析

9. 墙面扶手内暗藏灯带

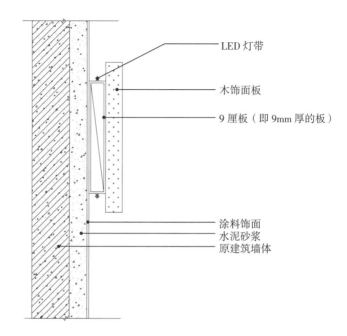

LED 灯带

木饰面板

9 厘板（即 9mm 厚的板）

涂料饰面
水泥砂浆
原建筑墙体

▲ 墙面扶手内暗藏灯带节点图

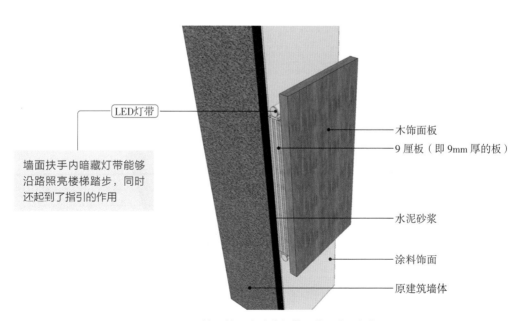

LED灯带

墙面扶手内暗藏灯带能够
沿路照亮楼梯踏步，同时
还起到了指引的作用

木饰面板
9 厘板（即 9mm 厚的板）

水泥砂浆

涂料饰面

原建筑墙体

▲ 墙面扶手内暗藏灯带三维示意图解析

10. 石材地面暗藏灯带

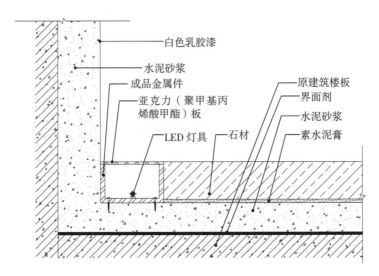

白色乳胶漆
水泥砂浆
成品金属件
亚克力（聚甲基丙烯酸甲酯）板
LED 灯具
石材
原建筑楼板
界面剂
水泥砂浆
素水泥膏

▲ 石材地面暗藏灯带（1）节点图

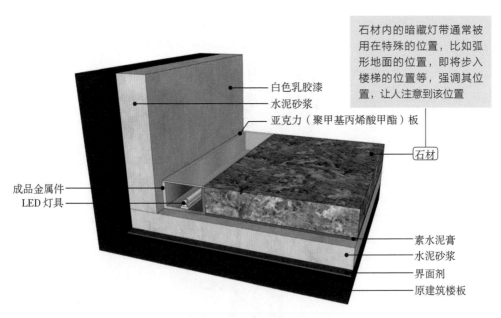

白色乳胶漆
水泥砂浆
亚克力（聚甲基丙烯酸甲酯）板
石材
成品金属件
LED 灯具
素水泥膏
水泥砂浆
界面剂
原建筑楼板

石材内的暗藏灯带通常被用在特殊的位置，比如弧形地面的位置，即将步入楼梯的位置等，强调其位置，让人注意到该位置

▲ 石材地面暗藏灯带（1）三维示意图解析

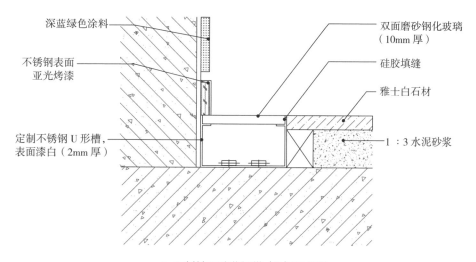

深蓝绿色涂料

不锈钢表面
亚光烤漆

定制不锈钢 U 形槽，
表面漆白（2mm 厚）

双面磨砂钢化玻璃
（10mm 厚）

硅胶填缝

雅士白石材

1 ：3 水泥砂浆

▲ 石材地面暗藏灯带（2）节点图

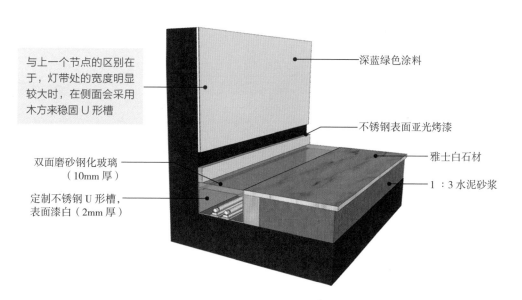

与上一个节点的区别在
于，灯带处的宽度明显
较大时，在侧面会采用
木方来稳固 U 形槽

深蓝绿色涂料

不锈钢表面亚光烤漆

雅士白石材

双面磨砂钢化玻璃
（10mm 厚）

定制不锈钢 U 形槽，
表面漆白（2mm 厚）

1 ：3 水泥砂浆

▲ 石材地面暗藏灯带（2）三维示意图解析

11. 地台暗藏灯带

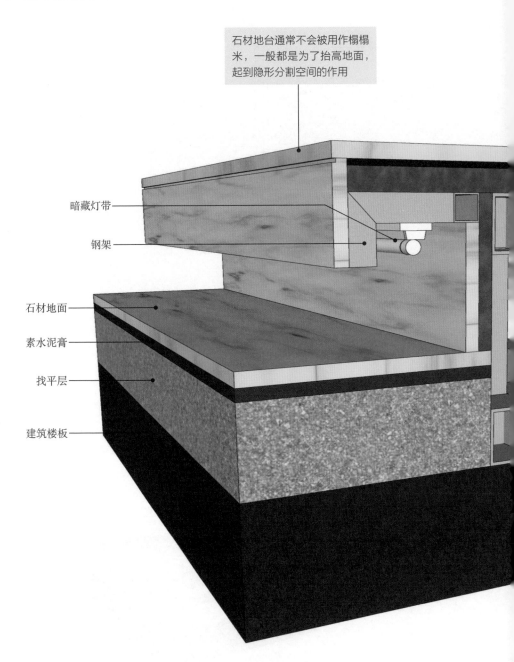

石材地台通常不会被用作榻榻米，一般都是为了抬高地面，起到隐形分割空间的作用

暗藏灯带

钢架

石材地面

素水泥膏

找平层

建筑楼板

▲ 石材地台暗藏灯带三维示意图解析

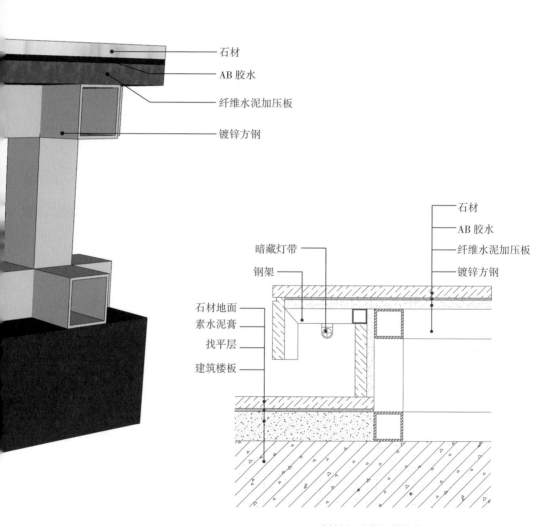

石材

AB 胶水

纤维水泥加压板

镀锌方钢

暗藏灯带

钢架

石材地面

素水泥膏

找平层

建筑楼板

石材

AB 胶水

纤维水泥加压板

镀锌方钢

▲ 石材地台暗藏灯带节点图

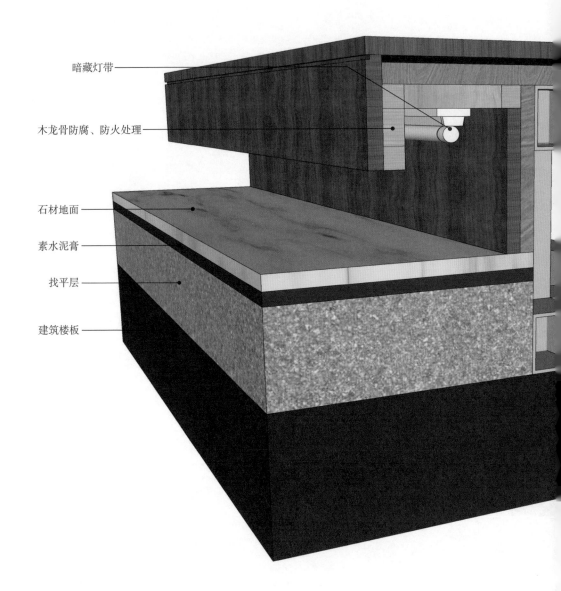

暗藏灯带

木龙骨防腐、防火处理

石材地面

素水泥膏

找平层

建筑楼板

▲ 木地板地台内暗藏灯带三维示意图解析

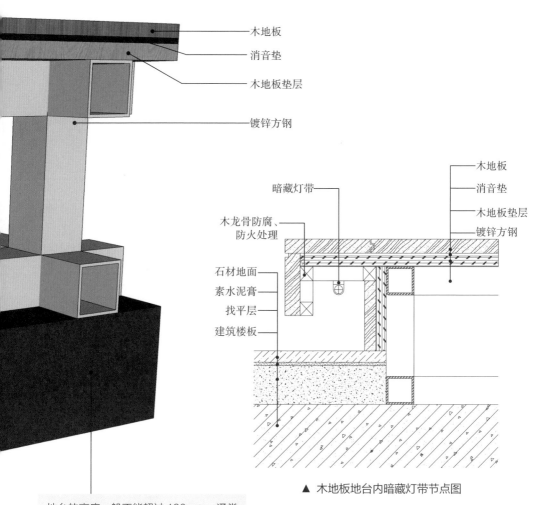

木地板

消音垫

木地板垫层

镀锌方钢

暗藏灯带

木龙骨防腐、
防火处理

石材地面

素水泥膏

找平层

建筑楼板

木地板

消音垫

木地板垫层

镀锌方钢

▲ 木地板地台内暗藏灯带节点图

地台的高度一般不能超过 160mm，通常
为 150mm，也就是一个台阶的高度，若
需要更高的地台，则可以考虑做两级台阶

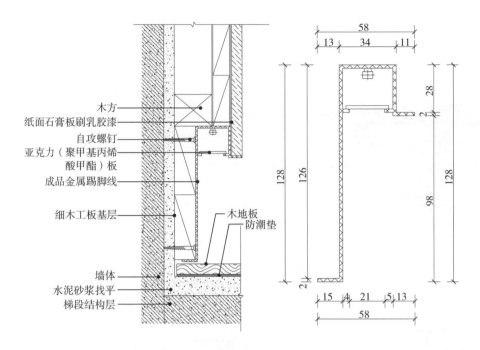

木方
纸面石膏板刷乳胶漆
自攻螺钉
亚克力（聚甲基丙烯酸甲酯）板
成品金属踢脚线
细木工板基层
木地板
防潮垫
墙体
水泥砂浆找平
梯段结构层

▲ 内凹式踢脚线内暗藏灯带节点图

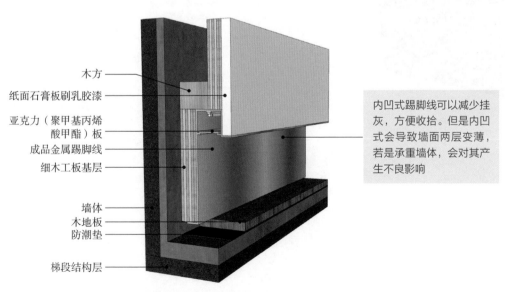

木方
纸面石膏板刷乳胶漆
亚克力（聚甲基丙烯酸甲酯）板
成品金属踢脚线
细木工板基层
墙体
木地板
防潮垫
梯段结构层

内凹式踢脚线可以减少挂灰，方便收拾。但是内凹式会导致墙面两层变薄，若是承重墙体，会对其产生不良影响

▲ 内凹式踢脚线内暗藏灯带三维示意图解析

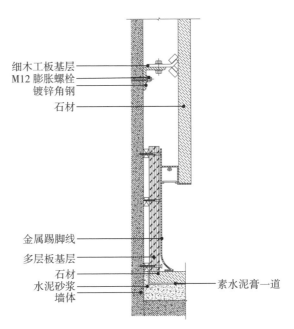

细木工板基层
M12 膨胀螺栓
镀锌角钢
石材

金属踢脚线
多层板基层
石材
水泥砂浆
墙体

素水泥膏一道

▲ 凹面式踢脚线内暗藏灯带节点图

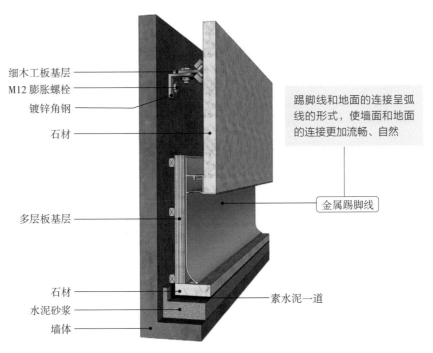

细木工板基层
M12 膨胀螺栓
镀锌角钢
石材

多层板基层

石材
水泥砂浆
墙体

踢脚线和地面的连接呈弧线的形式，使墙面和地面的连接更加流畅、自然

金属踢脚线

素水泥一道

▲ 凹面式踢脚线内暗藏灯带三维示意图解析

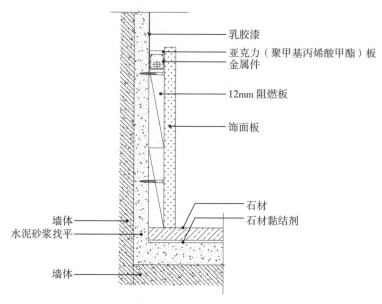

乳胶漆

亚克力（聚甲基丙烯酸甲酯）板

金属件

12mm 阻燃板

饰面板

墙体

水泥砂浆找平

墙体

石材

石材黏结剂

▲ 直面外凸式踢脚线内暗藏灯带节点图

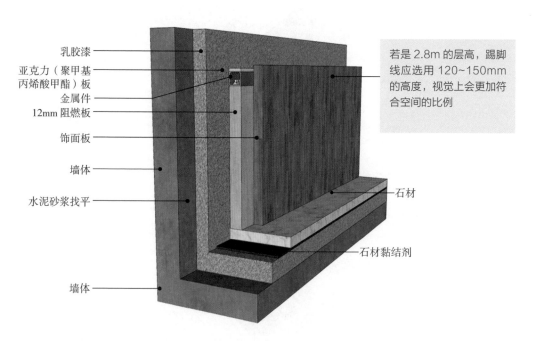

乳胶漆

亚克力（聚甲基丙烯酸甲酯）板

金属件

12mm 阻燃板

饰面板

墙体

水泥砂浆找平

墙体

石材

石材黏结剂

若是 2.8m 的层高，踢脚线应选用 120~150mm 的高度，视觉上会更加符合空间的比例

▲ 直面外凸式踢脚线内暗藏灯带三维示意图解析

5

第五章 ●━━━━━━━

室内风格与流派

室内风格的种类很多，但所有风格的诞生都有源可溯，可以追溯到不同的设计流派中。想了解室内风格，可以先了解设计流派的特点。本章重点讲解了设计流派与室内风格之间的关系，并且简单地介绍了不同流派的设计要点，帮助读者快速掌握室内装修风格的要点。

—•第一节　现代风格

一、简约风格

简约风格承袭了简约主义 "less is more" 的设计思想，将设计元素、色彩、照明、原材料简化到最低限度。但设计的简单，不代表寡淡，而是奉行了极简主义的对于质感的表达。另外，简约风格最常用的白色配色手法，也受到白色派的影响。

流派名称	流派特点
简约主义	设计的元素、色彩、照明、原材料简化到最低限度；对色彩、材料的质感要求很高
白色派	建筑形式纯净，局部处理干净利落，整体条理清楚
极简主义	本意在于极力追求简约，并且拒绝违反这一形态的任何事物

时间	代表建筑
1900~1980 年	 ▲ 巴塞罗那博览会德国馆
1955~1975 年	▲ 史密斯住宅
1964 年至今	▲ 莫里茨教堂

1. 遵循简约主义（1900~1980 年）——"less is more"

装饰元素要少，除提供仅有的必需品外，不
再放置其他多余的物品，使整个空间看起来
简洁而有内涵

2. 沿袭白色派（1955~1975 年）——以白色为主的配色

室内配色以白色为主，突出
干净感

使用不同材料，通过肌理变化为
空间取得生动多变的效果

3. 奉行极简主义（1964 年至今）——极力追求简约的设计观

陈设极少，更多地表达空间感与丰富的材质变化

线条装饰尽量以组合成面的形式呈现，既有丰富的细节，又能兼顾空间的大气

形式过于统一会让空间显得呆板，而类似于解构主义设计手法的穿插和组合，会打破空间的拘谨，创造富于趣味和变化的空间

二、北欧风格

北欧风格与追求时髦和商业价值的形式主义不同，它不仅延续了斯堪的纳维亚风格人文性的设计方法，而且还延续着中古风家具的线条感和实用性。

流派名称	流派特点
斯堪的纳维亚	强调家具和家用产品需要一种比功能主义更为柔和并具有人文情调的设计方法，即所谓软性"功能主义"
中古风	简洁的中古家具线条，造型符合人体工学；实用与美观兼备，成为永不淘汰的经典之作

1. 斯堪的纳维亚风格（1935~1950 年）——衍生的人文性风格

色彩多以黑色、白色、灰色和各种饱和度较低的颜色为主

大量绿植布置渲染一种蓬勃的生机

实用且注重人体工学的家具代替装饰家具

时间	代表建筑
1935~1950年	 ▲ 玛利娅别墅
1955~1975年	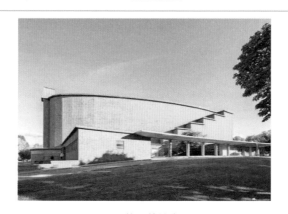 ▲ 莫里茨教堂

2. 继承中古风（1950年至今）——线条感

白色或灰色为主的空间多与黄褐色、宝蓝色、橄榄绿等搭配，呈现出简洁却有力的复古感

最常见的材质便是木头、皮革与黄铜

三、现代时尚风格

现代时尚风格完全呈现出了包豪斯的精神与理念，打破封闭空间对设计的禁锢，同时风格中还吸收了孟菲斯打破常规的设计手法，以及对荷兰风格派线条和色彩的继承。

流派名称	流派特点
荷兰风格派	平面、直线、矩形成为艺术中的支柱，色彩亦减至红、黄、蓝三原色
包豪斯	包豪斯不是一种风格，多数情况下指的是一种设计思潮、设计体系，或称为"包豪斯主义"
孟菲斯	以开放的设计思想，赋予产品娱乐、戏谑、新奇、刺激的形式

时间	代表建筑
1872~1988 年	 ▲ 奥贝特咖啡厅
1915~1934 年	 ▲ 德国法古斯工厂
1982~1988 年	 ▲ "temple to wonder" 迷宫

1. 对荷兰风格派（1872~1988年）线条和色彩的继承

常反复应用横纵几何结构，让整个空间充斥着直的水平线和垂直线，加上正方形和矩形形式

大面积运用基础颜色，比如色彩上常常运用黑白两色强烈比对的形式，或是与三原色的组合相搭配

2. 包豪斯（1915~1934年）理念的贯彻

大面积的纯色、不同色块之间形成对比，使室内空间结构得以延伸

采用玻璃、颜色等材质或手法尽可能少的实体的空间阻隔，提高了空间的利用率

3. 吸收孟菲斯（1982~1988 年）打破常规的设计手法

从波普艺术中汲取灵感，色彩上常常故意打破配色规律，配色大胆。喜欢用一些明快、风趣、饱和度高的色彩

常用简单重复且无序、不规则组合排列的几何线条：以最常见的正方形、圆形、三角形及波浪线等图形为主

四、日式风格

日式风格淡雅节制、深邃禅意的风格特点是传承了中国唐代的生活理念，而后受到侘寂美学的影响，演变出质朴、自然的设计特点。

流派名称	流派特点
中唐美学	大量运用自然界的材质，擅长表现素材的独特肌理和原色。空间意识极强，形成"小、精、巧"的模式
侘寂美学	简洁安静中的质朴的美，节制、枯萎、简素、幽暗、静谧、自然等都是它的代名词

1. 受中国唐代（618~907年）影响的用低矮家具的习惯

大量的原木色，配上白色、米色、黑色及浅灰色等色调，让空间尽显优雅之态，将东方禅意展现得淋漓尽致

家具造型简单，并且体量不大。低矮的家具使用较多，视觉上不会给空间增添负担

时间	代表建筑
618~907 年	 ▲ 广仁王庙大殿
1960 年至今	 ▲ 草庵风数寄屋

2. 源于侘寂美学（1960 年至今）朴直、节制的设计观

不会有跳脱的亮色出现，没有强冲击力的色彩，常用大地色作为基础用色，米色系、高级灰也是常用的色调

常用的材料有微水泥、艺术涂料、硅藻泥等，这些材质都有一定的肌理感，可以做出不同的墙面质感

—— • 第二节　复古风格

一、简欧风格

简欧风格继承了新古典主义对称、比例的构图，同时受到 Art Deco 装饰艺术的影响，多用优美的线条装饰空间。另外，还受到海派风格的影响，将东西方的设计美学融合，创造出独具特色的室内风格。

流派名称	流派特点
新古典主义	建筑风格庄重精美，吸取古典建筑的传统构图作为其特色，比例工整，造型简洁轻快，运用传统美学法则使现代的材料和结构产生端庄、典雅的美感
Art Deco 装饰艺术	主要特点是感性的自然界的优美线条，称为有机线条，比如花草、动物的形体，尤其喜欢用藤蔓植物的茎条以及东方文化图案
海派风格	不使用过多的装饰，海纳百川，兼收并蓄，博百家之长是海派风格的最大特色

时间	代表建筑
1840~1990 年	 ▲ 英国国会大厦
1925~1940 年	 ▲ 纽约帝国大厦
1942 年至今	 ▲ 和平饭店

1. 新古典主义（1840~1990 年）对称构图的运用

空间布局上遵循了对称性，家具
也以对称的方式出现，软装陈设
的摆放也会遵循对称原则

色彩以白色、金色和暗红色作为常见
的主色调，大量的白色用于调和，也
可以加入少量其他颜色作为点缀

2. Art Deco 装饰艺术（1925~1940 年）感性线条的影响

以明亮且对比强烈的颜色来彩绘，强调装饰
意图，例如亮丽的红色、魅惑的玫红色以及
带有金属感的金色、银白色和古铜色等

擅用机械式的、几何的、纯粹装饰的线条来
表现时代美感，这些图形经常以金属色、黑
色，或者以能形成强烈对比的艳丽色呈现，
以强调它的醒目和重要

3. 海派风格（1942年至今）东西方的融合

.... 配色沉稳厚重，点缀色会用墨绿、金酒红等浓郁的色彩，与主色
调形成对比，增加空间层次

家具选料考究、工艺精细，多采用丝绒或者皮革材质，座椅
多为实木与布艺或实木与皮革的搭配，其他家具基本以实木
为主

二、新中式风格

新中式风格吸纳了新中式东方美学的设计理念，提炼出精髓，将其与现代元素相结合。同时随着新装饰主义的推动，新中式风格运用东方华丽、艺术、时尚元素，将生活形态和美学意识转化为新奢华生活的新内涵。

流派名称	流派特点
新中式东方美学	虚实合一，古韵，简约，意象传承，延续方与圆，减法留白与光影
新装饰主义	呈现精简线条同时，又蕴含奢华感，通过异材质的搭配，并朝向"人性化"的表现方式发展

1. 新中式东方美学（2000年至今）的简化与融合

不再局限于浓厚的深色调，氛围上也更加素雅艳丽、沉稳清新

延续了古典韵味的传统材料，但不会大量使用，而是混搭新型材料

时间	代表建筑
2000 年至今	 ▲ 苏州博物馆
2010 年至今	

2. 新装饰主义（2010 年至今）的推动

更强调线条的设计，与普通线条的简单、平稳相比，更流畅也更具艺术性

注重装饰内容，装饰物不再是无聊地堆积，而是将各种物件整体艺术化，突出装饰质感

三、现代美式风格

现代美式风格，就是简化传统美式的厚重，但保留了美式的经典造型。学习了美国工艺美术运动对设计的讲究，也继承了高技派（1948~1990 年）坚持采用新技术的特点。

流派名称	流派特点
美国工艺美术运动	更讲究设计上的典雅，特别是明显的东方风格，对日本建筑模数体系的强调
高技派	高技派反对传统的审美观念，强调设计作为信息的媒介和设计的交际功能，在建筑设计、室内设计中坚持采用新技术

1. 学习美国工艺美术运动（1880~1890 年）更讲究设计上的典雅

开放式的室内平面布局，房间的轮廓变得较为模糊，空间成为可以相互流动的形态

大部分家具都是以硬木制作的，强调树木本身的色彩和肌理，造型简朴，装饰典雅

时间	代表建筑
1880~1890 年	![美国布法罗担保大厦] ▲ 美国布法罗担保大厦
1948~1990 年	![伦敦碎片大厦] ▲ 伦敦碎片大厦

2. 继承高技派（1948~1990 年）坚持采用新技术的特点

更强调线条的设计，与普通线条的简单、平稳相比，更流畅，也更具艺术性

注重装饰内容，装饰物不再是无用地堆积，而是将各种物件整体艺术化，突出装饰质感

四、现代法式风格

沿袭了洛可可艺术的娇艳明快和新艺术运动的自然曲线，最终形成的现代法式风格呈现出浪漫、娇媚却不失简洁感的氛围。

流派名称	流派特点
洛可可艺术	色彩娇艳、明快、华丽，追求轻盈纤细的秀雅美，纤弱娇媚，纷繁琐细，精致典雅，甜腻温柔；构图上有意强调不对称，其工艺、结构和线条具有婉转、柔和的特点
新艺术运动	完全放弃传统装饰风格，开创全新的自然装饰风格；倡导自然风格，强调自然中不存在直线和平面，装饰上突出表现曲线和有机形态

1. 沿袭洛可可艺术（1715~1774 年）的娇艳明快

色彩运用时比较轻柔、鲜明，其选取的颜色多为浅色色系

时间	代表建筑
1715~1774 年	 ▲ 协和广场
1890~1910 年	▲ 巴特洛公寓

家具以雕刻装饰为主要特征，
以纤柔的外凸曲线和弯脚为
主要造型基础

2. 受新艺术运动（1890~1910年）自然装饰理念的影响

空间布局上遵循了对称性，家具也以对称的方式出现，软装陈设的摆放也会遵循对称原则

擅用机械式的、几何的、纯粹装饰的线条来表现时代美感，这些图形经常以金属色、黑色，或者以能形成强烈对比的艳丽色呈现，以强调它的醒目和重要

6

第六章

色彩搭配与组合

　　色彩搭配与组合的方式繁多，通过不同的色彩组合可以打造出不同氛围的空间环境。配色要遵循色彩的基本原理，符合规律的色彩能打动人心，并给人留下深刻的印象。因此在本章中，先从基础的配色法则与技巧开始讲解，将常见的配色方法总结出来，让读者直接了解色彩搭配可以用到的方法和技巧。然后针对不同的色彩给出配色方案，读者可以按照氛围选择合适的色彩方案，满足读者拿来就用的需求。

● 第一节　配色法则与技巧

一、　常见的不同配色法则

室内色彩搭配的方法正确，就可以成为舒适、合理并吸引人目光的配色。对色彩进行简单的排列或变化，就可以带来不同的室内印象。

1. 配色黄金比例法则

黄金分割矩形是根据黄金分割比画出的矩形，它的出现让美感可通过准确的数值表达出来。所以在进行室内配色面积参考时，就可以用黄金分割矩形来决定色彩的面积多少。比如当空间中出现米色与棕色时，如果米色是主色，棕色为辅色，那么它们的配比关系可以是 21：13、21：8、21：5、21：3。

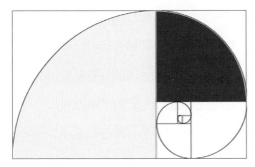
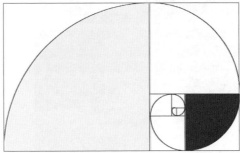
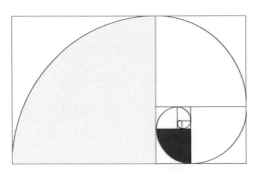
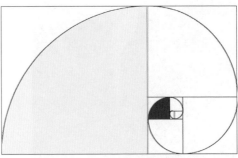

▲ 黄金分割矩形

2. 配色层次法则

在进行空间配色时，要有逻辑性才能完成和谐的配色设计。空间配色层次主要有背景色（墙面、地面、顶面色彩）、主角色（沙发、床等色彩）、配角色（茶几、边柜等色彩）、点缀色（装饰品、灯具等色彩）。

背景色使用法则

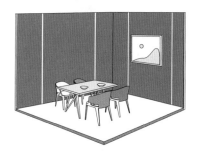

偏暖的高彩度背景色会让空间变得紧张、刺激起来

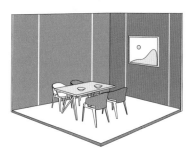

偏暖的中彩度背景色会让空间变得温和、舒适

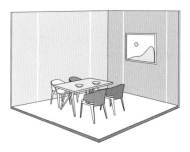

低彩度背景色会让空间更加柔和

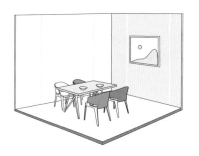

无彩色背景色会让空间变得更单调素雅

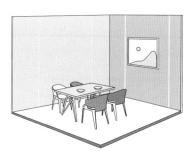

偏冷的背景色会让空间更加清爽

低明度的背景色会让空间变得压抑、局促

主角色使用法则

主角色本身使用高彩度，更容易聚焦视线

围绕主角色的物品都使用高彩度，主角色更容易聚焦

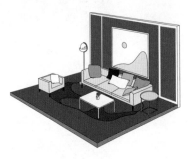

拉开与背景色的明度差，让主角色更加突出

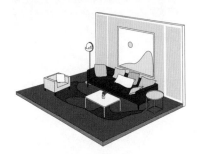

当背景色是大面积的有彩色时，主角色可考虑无彩色

配角色使用法则

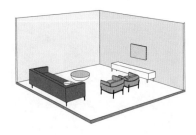

当主角色为高彩色时，配角色降低彩度，突出主角色

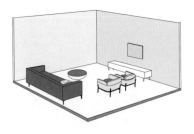

当主角色为高彩色时，配角色使用无彩色，可自然凸显主角色

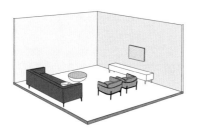

当主角色明度偏低时，配角色可使
用高明度的色彩突出主角色

当主角色确定色相后，配角色可使
用互补色来对比主角色的存在感

点缀色使用法则

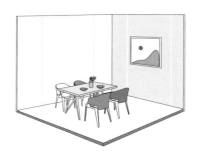

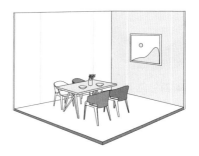

小面积高彩度更容易突出色彩效
果，会有好的诱目性

低彩度的点缀色与其他角色没有大
的对比，可以让整体更加协调和
稳定

点缀色明度层级大多可以丰富空间

二、常用配色技巧

只掌握室内配色的基础知识并不代表能够设计出舒适的居住环境，掌握色彩搭配的技巧，可以更快、更正确地设计出令人舒适的室内空间。

1.利用互补色增加刺激感

互补色是指色相环中成 180° 角的两种颜色，常见的组合为红色与绿色、蓝色和橙色、黄色与紫色。使用互补色配色，即使使用面积不大，也会产生夸张、引人注目的效果。但是要注意，使用时一定要制造较小的亮度差和面积差，这样才不会过于刺激。

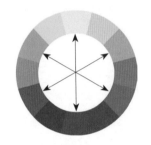

▲ 互补色

红色与绿色　　　黄色与紫色

只看亮度对比，红色与绿色之间的亮度很小

↓

任意提升或降低其中一种颜色的亮度就会使其具有亮度差，两种颜色配色效果就会更突出

193-91-78　　188-200-186
31-76-67-0　　31-17-28-0

注：上部为 RGB 值，下部为 CMYK 值，余同。

2. 用相似色保持统一感

相似色是指色相环上成 40°角的两种颜色，常见的组合有红色与橙色，黄色与黄绿色等。使用相似色进行搭配，因为含有三原色中某一共同的颜色，所以看起来会很协调；也因为色相接近，所以会看起来比较稳定。但要注意，搭配时要用与主色相似的色相，同时制造亮度差。

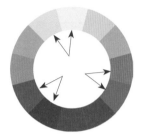

▲ 相似色

红色与橙色

蓝色与蓝紫色

黄色与黄绿色

193-91-78　188-200-186
31-76-67-0　31-17-28-0

3. 用纯度差制造冲击力

　　相同色彩的纯度差别并不容易看出变化，但如果色相也产生变化，就会变成具有冲击力的配色。高纯度的颜色更容易吸引人注意，在配色中具有刺激、活力的感觉。但是要注意，高纯度的颜色使用面积不能过大，否则就不能很好地起到吸引人的作用。

高纯度　　　　　　　　　　　　　　　　　　　　　　　　　　低纯度

只靠同一色相的纯度差的话，视觉张力较小

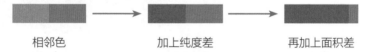

相邻色　　　　　　　　加上纯度差　　　　　　　　再加上面积差

用相邻的低纯度颜色来衬托高纯度的颜色，使其更加鲜艳，高纯度颜色的面积不大，所以更能增加其鲜艳感

4. 用同色调保持整体和谐性

　　如果亮度和纯度统一，即使色相不同但色调一致的话，整体看起来也会很和谐。但要注意，因为不同色调带给人的感觉不同，比如高色调鲜明、活泼；低色调质朴、稳重，所以在搭配时要选择与室内印象一致的色调。

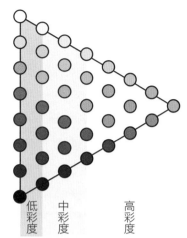

▲ 色调细分图

纯色调、浊色调、明色调等多种色调搭配，显得空间非常松散

用色调进行统一，可以避免混乱，使得色彩感觉接近，形成融合

5. 根据空间的氛围确定色调

在室内空间中，大色块因为面积的优势，其色调和色相对整体具有支配作用。虽然在空间中不可能只存在一种色调，但大面积色块的色调直接影响到空间配色印象的营造。在进行配色时，可根据情感诉求来选择主色的色调。比如纯色调适合凸显活力生气；明浊色调展现宁静安稳；明色调展现清新爽快；暗色调既可展现传统又可凸显豪华。

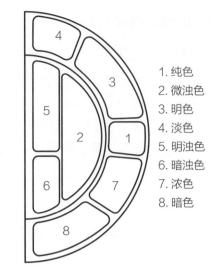

1. 纯色
2. 微浊色
3. 明色
4. 淡色
5. 明浊色
6. 暗浊色
7. 浓色
8. 暗色

▲ 色调简化图

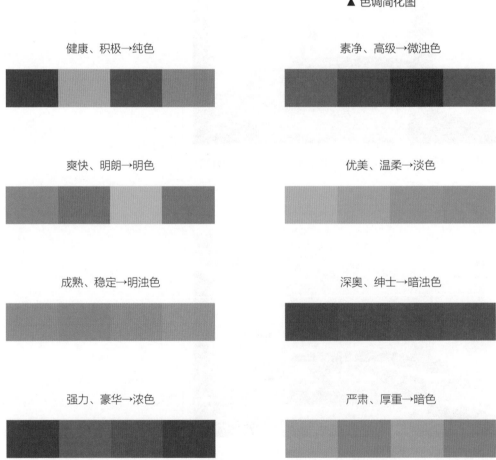

健康、积极→纯色

素净、高级→微浊色

爽快、明朗→明色

优美、温柔→淡色

成熟、稳定→明浊色

深奥、绅士→暗浊色

强力、豪华→浓色

严肃、厚重→暗色

6. 用诱目性高的颜色使视线移动

视线具有从大图案向小图案，从强色向弱色移动的特性。而其中颜色容易被人发现的称为诱目性高的颜色，基本上暖色系中高纯度的红色、橙色、黄色都属于诱目性高的颜色。所以在进行室内色彩搭配时，可以考虑用颜色来做视线诱导。需要注意的是，诱目性高的红色、橙色、黄色在不同底色中，诱目性也会有所变化。

虽然颜色面积、功能、周围环境会影响颜色的诱目性，但是颜色引人注目的程度基本顺序不变的，如下图所示。

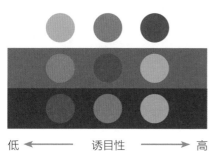

低 ← 诱目性 → 高

白色底色中，诱目性最高的是红色；黑色底色中，诱目性最高的是黄色

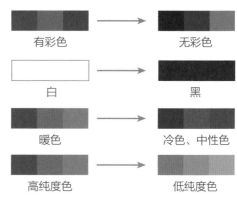

颜色引人注目程度的基本顺序

在黑色的空间中，在过道加入橙色，可以将视线吸引过去，起到引导作用

7. 用色彩的轻重感表现安定感

　　利用颜色所具有的轻重感，可以表现出安定感。高亮度的颜色看起来轻，低亮度的颜色看起来重。若在下面用重色、上面用轻色，重心就会下移，给人安定感；相反，若上面用重色、下面用轻色，重心就会上移，给人不安定的感觉。所以在室内设计中，天花板用重色的话会给人压迫感，所以天花板会用轻色，这样看起来会更开放，地面用重色就会产生安定感。

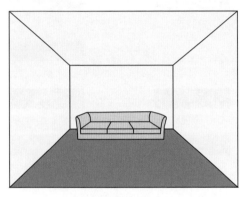

只有地面是深色时，重心居下，才有安定感

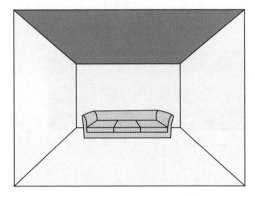

顶面深色，重心很高，层高好像被降低，动感强烈

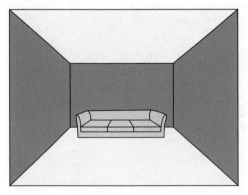

墙面深色，重心居上，具有向下的力量，空间产生动感

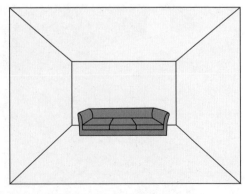

即便背景色都是浅色，只要家具是深色的，重心依然居下

8. 通过色彩的重复获得融合

　　相同色彩在不同位置上重复出现就是重复。即使出现地点不同，也能达到共鸣融合的效果。一致的色彩不仅互相呼应，也能促进整体空间的融合感。

鲜艳的蓝色单独出现，是配色的主角。虽然很突出，但显得很孤立，缺乏整体感

右端的蓝色与主角的蓝色相呼应，既保持了主角突出的地位，又增加了整体融合感

家具与墙面的色调对比，干脆利落，但因为没有色彩呼应，空间缺乏整体感

抱枕的绿色是对墙面色彩的重复与呼应

加入装饰画中的黄色，对家具进行呼应，形成更强的整体感

第二节　配色实例

一、暖色配色

　　暖色包括红色、橙色、黄色等，给人温暖、活力的感觉。在暖色中，红橙色是温暖感最强的，离红橙色越远的色相温度越低。

1. 红色

（1）常见色值

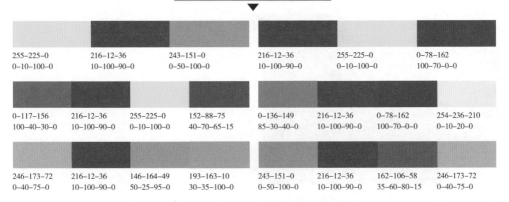

237-121-113	201-57-65	216-12-24	208-5-76	158-35-40
0-65-45-0	20-90-70-0	10-100-100-0	15-100-55-0	45-100-100-0

（2）配色方案

热闹的、充满活力的色彩表达
▼

255-225-0	216-12-36	243-151-0		216-12-36	255-225-0	0-78-162
0-10-100-0	10-100-90-0	0-50-100-0		10-100-90-0	0-10-100-0	100-70-0-0

0-117-156	216-12-36	255-225-0	152-88-75	0-136-149	216-12-36	0-78-162	254-236-210
100-40-30-0	10-100-90-0	0-10-100-0	40-70-65-15	85-30-40-0	10-100-90-0	100-70-0-0	0-10-20-0

246-173-72	216-12-36	146-164-49	193-163-10	243-151-0	216-12-36	162-106-58	246-173-72
0-40-75-0	10-100-90-0	50-25-95-0	30-35-100-0	0-50-100-0	10-100-90-0	35-60-80-15	0-40-75-0

成熟的、奢华的色彩表达
▼

158-35-40	148-123-105	48-32-72		158-35-40	149-130-84	52-93-44
45-100-100-0	45-50-55-10	90-100-55-25		45-100-100-0	45-45-70-10	80-50-100-25

255-255-255	152-88-75	216-12-36	213-200-150	201-179-143	201-57-65	128-39-64	68-0-0
0-0-0-0	40-70-65-15	10-100-90-0	20-20-45-0	25-30-45-0	20-90-70-0	60-100-75-0	25-100-100-80

大胆的、动感的色彩表达

▼

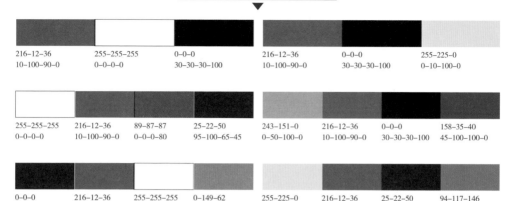

| 216-12-36 | 255-255-255 | 0-0-0 |
| 10-100-90-0 | 0-0-0-0 | 30-30-30-100 |

| 216-12-36 | 0-0-0 | 255-225-0 |
| 10-100-90-0 | 30-30-30-100 | 0-10-100-0 |

| 255-255-255 | 216-12-36 | 89-87-87 | 25-22-50 |
| 0-0-0-0 | 10-100-90-0 | 0-0-0-80 | 95-100-65-45 |

| 243-151-0 | 216-12-36 | 0-0-0 | 158-35-40 |
| 0-50-100-0 | 10-100-90-0 | 30-30-30-100 | 45-100-100-0 |

| 0-0-0 | 216-12-36 | 255-255-255 | 0-149-62 |
| 30-30-30-100 | 10-100-90-0 | 0-0-0-0 | 85-15-100-0 |

| 255-225-0 | 216-12-36 | 25-22-50 | 94-117-146 |
| 0-10-100-0 | 10-100-90-0 | 95-100-65-45 | 65-45-25-15 |

浪漫的、娇媚的色彩表达

▼

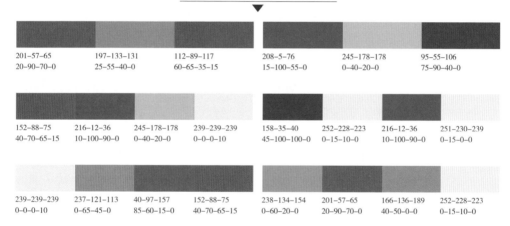

| 201-57-65 | 197-133-131 | 112-89-117 |
| 20-90-70-0 | 25-55-40-0 | 60-65-35-15 |

| 208-5-76 | 245-178-178 | 95-55-106 |
| 15-100-55-0 | 0-40-20-0 | 75-90-40-0 |

| 152-88-75 | 216-12-36 | 245-178-178 | 239-239-239 |
| 40-70-65-15 | 10-100-90-0 | 0-40-20-0 | 0-0-0-10 |

| 158-35-40 | 252-228-223 | 216-12-36 | 251-230-239 |
| 45-100-100-0 | 0-15-10-0 | 10-100-90-0 | 0-15-0-0 |

| 239-239-239 | 237-121-113 | 40-97-157 | 152-88-75 |
| 0-0-0-10 | 0-65-45-0 | 85-60-15-0 | 40-70-65-15 |

| 238-134-154 | 201-57-65 | 166-136-189 | 252-228-223 |
| 0-60-20-0 | 20-90-70-0 | 40-50-0-0 | 0-15-10-0 |

轻松的、闲适的色彩表达

▼

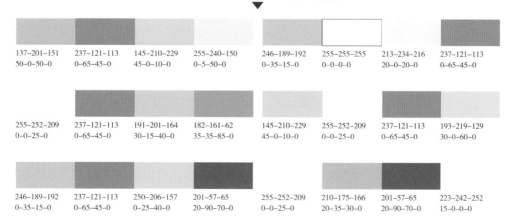

| 137-201-151 | 237-121-113 | 145-210-229 | 255-240-150 |
| 50-0-50-0 | 0-65-45-0 | 45-0-10-0 | 0-5-50-0 |

| 246-189-192 | 255-255-255 | 213-234-216 | 237-121-113 |
| 0-35-15-0 | 0-0-0-0 | 20-0-20-0 | 0-65-45-0 |

| 255-252-209 | 237-121-113 | 191-201-164 | 182-161-62 |
| 0-0-25-0 | 0-65-45-0 | 30-15-40-0 | 35-35-85-0 |

| 145-210-229 | 255-252-209 | 237-121-113 | 193-219-129 |
| 45-0-10-0 | 0-0-25-0 | 0-65-45-0 | 30-0-60-0 |

| 246-189-192 | 237-121-113 | 250-206-157 | 201-57-65 |
| 0-35-15-0 | 0-65-45-0 | 0-25-40-0 | 20-90-70-0 |

| 255-252-209 | 210-175-166 | 201-57-65 | 223-242-252 |
| 0-0-25-0 | 20-35-30-0 | 20-90-70-0 | 15-0-0-0 |

2. 橙色

（1）常见色值

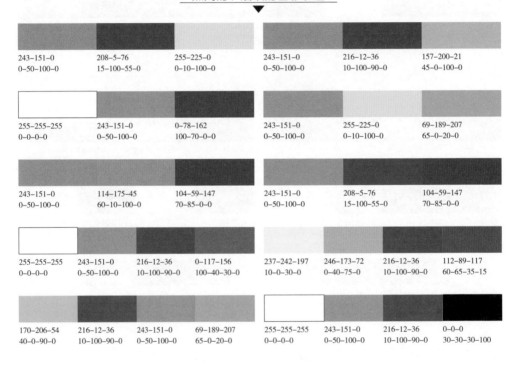

250-206-157
0-25-40-0

246-173-72
0-40-75-0

243-151-0
0-50-100-0

222-106-8
10-70-100-0

201-179-143
25-30-45-0

（2）配色方案

热闹的、活跃的色彩表达 ▼

243-151-0
0-50-100-0

208-5-76
15-100-55-0

255-225-0
0-10-100-0

243-151-0
0-50-100-0

216-12-36
10-100-90-0

157-200-21
45-0-100-0

255-255-255
0-0-0-0

243-151-0
0-50-100-0

0-78-162
100-70-0-0

243-151-0
0-50-100-0

255-225-0
0-10-100-0

69-189-207
65-0-20-0

243-151-0
0-50-100-0

114-175-45
60-10-100-0

104-59-147
70-85-0-0

243-151-0
0-50-100-0

208-5-76
15-100-55-0

104-59-147
70-85-0-0

255-255-255
0-0-0-0

243-151-0
0-50-100-0

216-12-36
10-100-90-0

0-117-156
100-40-30-0

237-242-197
10-0-30-0

246-173-72
0-40-75-0

216-12-36
10-100-90-0

112-89-117
60-65-35-15

170-206-54
40-0-90-0

216-12-36
10-100-90-0

243-151-0
0-50-100-0

69-189-207
65-0-20-0

255-255-255
0-0-0-0

243-151-0
0-50-100-0

216-12-36
10-100-90-0

0-0-0
30-30-30-100

轻松的、有亲和力的色彩表达 ▼

250-206-157
0-25-40-0

175-200-232
35-15-0-0

255-240-150
0-5-50-0

108-155-210
60-30-0-0

255-240-150
0-5-50-0

243-151-0
0-50-100-0

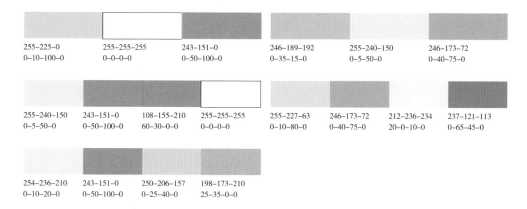

255-225-0
0-10-100-0

255-255-255
0-0-0-0

243-151-0
0-50-100-0

246-189-192
0-35-15-0

255-240-150
0-5-50-0

246-173-72
0-40-75-0

255-240-150
0-5-50-0

243-151-0
0-50-100-0

108-155-210
60-30-0-0

255-255-255
0-0-0-0

255-227-63
0-10-80-0

246-173-72
0-40-75-0

212-236-234
20-0-10-0

237-121-113
0-65-45-0

254-236-210
0-10-20-0

243-151-0
0-50-100-0

250-206-157
0-25-40-0

198-173-210
25-35-0-0

悠闲的、舒适的色彩表达
▼

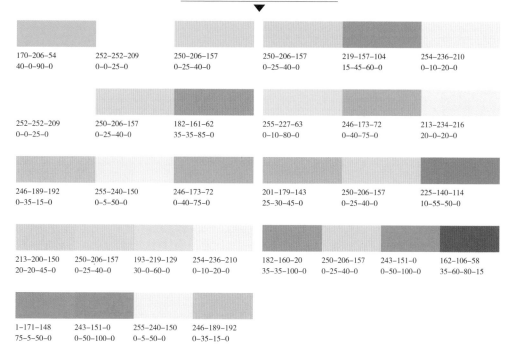

170-206-54
40-0-90-0

252-252-209
0-0-25-0

250-206-157
0-25-40-0

250-206-157
0-25-40-0

219-157-104
15-45-60-0

254-236-210
0-10-20-0

252-252-209
0-0-25-0

250-206-157
0-25-40-0

182-161-62
35-35-85-0

255-227-63
0-10-80-0

246-173-72
0-40-75-0

213-234-216
20-0-20-0

246-189-192
0-35-15-0

255-240-150
0-5-50-0

246-173-72
0-40-75-0

201-179-143
25-30-45-0

250-206-157
0-25-40-0

225-140-114
10-55-50-0

213-200-150
20-20-45-0

250-206-157
0-25-40-0

193-219-129
30-0-60-0

254-236-210
0-10-20-0

182-160-20
35-35-100-0

250-206-157
0-25-40-0

243-151-0
0-50-100-0

162-106-58
35-60-80-15

1-171-148
75-5-50-0

243-151-0
0-50-100-0

255-240-150
0-5-50-0

246-189-192
0-35-15-0

3. 黄色

（1）常见色值

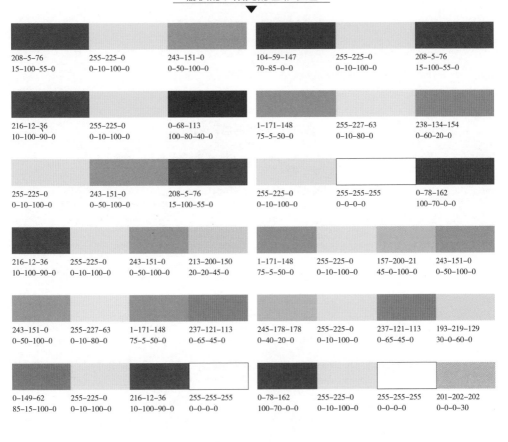

255-252-209	255-240-150	255-227-63	255-225-0	213-200-150
0-0-25-0	0-5-50-0	0-10-80-0	0-10-100-0	20-20-45-0

（2）配色方案

愉快的、阳光的色彩表达

208-5-76	255-225-0	243-151-0	104-59-147	255-225-0	208-5-76
15-100-55-0	0-10-100-0	0-50-100-0	70-85-0-0	0-10-100-0	15-100-55-0

216-12-36	255-225-0	0-68-113	1-171-148	255-227-63	238-134-154
10-100-90-0	0-10-100-0	100-80-40-0	75-5-50-0	0-10-80-0	0-60-20-0

255-225-0	243-151-0	208-5-76	255-225-0	255-255-255	0-78-162
0-10-100-0	0-50-100-0	15-100-55-0	0-10-100-0	0-0-0-0	100-70-0-0

216-12-36	255-225-0	243-151-0	213-200-150	1-171-148	255-225-0	157-200-21	243-151-0
10-100-90-0	0-10-100-0	0-50-100-0	20-20-45-0	75-5-50-0	0-10-100-0	45-0-100-0	0-50-100-0

243-151-0	255-227-63	1-171-148	237-121-113	245-178-178	255-225-0	237-121-113	193-219-129
0-50-100-0	0-10-80-0	75-5-50-0	0-65-45-0	0-40-20-0	0-10-100-0	0-65-45-0	30-0-60-0

0-149-62	255-225-0	216-12-36	255-255-255	0-78-162	255-225-0	255-255-255	201-202-202
85-15-100-0	0-10-100-0	10-100-90-0	0-0-0-0	100-70-0-0	0-10-100-0	0-0-0-0	0-0-0-30

温和的、柔和的色彩表达

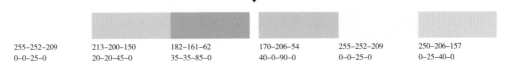

255-252-209	213-200-150	182-161-62	170-206-54	255-252-209	250-206-157
0-0-25-0	20-20-45-0	35-35-85-0	40-0-90-0	0-0-25-0	0-25-40-0

250-206-157
0-25-40-0

255-252-209
0-0-25-0

255-227-63
0-10-80-0

170-206-54
45-0-10-0

245-178-178
0-40-20-0

255-240-150
0-5-50-0

246-173-72
0-40-75-0

255-240-150
0-5-50-0

255-255-255
0-0-0-0

245-178-178
0-40-20-0

255-252-209
0-0-25-0

252-228-223
0-15-10-0

255-255-255
0-0-0-0

84-185-131
65-0-60-0

255-240-150
0-5-50-0

69-189-207
65-0-20-0

255-240-150
0-5-50-0

237-121-113
0-65-45-0

浓郁的、复古的色彩表达
▼

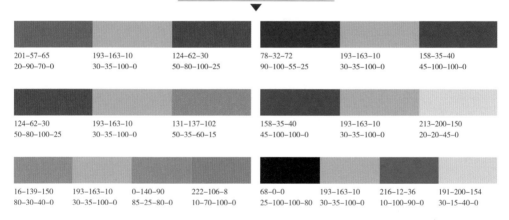

201-57-65
20-90-70-0

193-163-10
30-35-100-0

124-62-30
50-80-100-25

78-32-72
90-100-55-25

193-163-10
30-35-100-0

158-35-40
45-100-100-0

124-62-30
50-80-100-25

193-163-10
30-35-100-0

131-137-102
50-35-60-15

158-35-40
45-100-100-0

193-163-10
30-35-100-0

213-200-150
20-20-45-0

16-139-150
80-30-40-0

193-163-10
30-35-100-0

0-140-90
85-25-80-0

222-106-8
10-70-100-0

68-0-0
25-100-100-80

193-163-10
30-35-100-0

216-12-36
10-100-90-0

191-200-154
30-15-40-0

现代的、强烈的色彩表达
▼

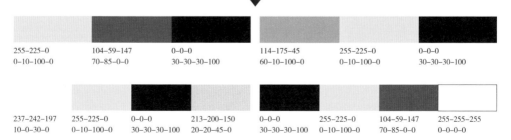

255-225-0
0-10-100-0

104-59-147
70-85-0-0

0-0-0
30-30-30-100

114-175-45
60-10-100-0

255-225-0
0-10-100-0

0-0-0
30-30-30-100

237-242-197
10-0-30-0

255-225-0
0-10-100-0

0-0-0
30-30-30-100

213-200-150
20-20-45-0

0-0-0
30-30-30-100

255-225-0
0-10-100-0

104-59-147
70-85-0-0

255-255-255
0-0-0-0

4. 粉色

（1）常见色值

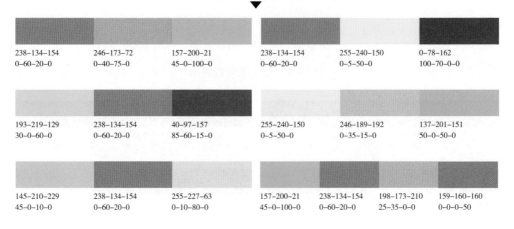

251-230-239	246-189-192	245-178-178	238-134-154	213-200-150
0-15-0-0	0-35-15-0	0-40-20-0	0-60-20-0	25-55-40-0

（2）配色方案

可爱的、孩子气的色彩表达
▼

238-134-154	246-173-72	157-200-21		238-134-154	255-240-150	0-78-162
0-60-20-0	0-40-75-0	45-0-100-0		0-60-20-0	0-5-50-0	100-70-0-0

193-219-129	238-134-154	40-97-157		255-240-150	246-189-192	137-201-151
30-0-60-0	0-60-20-0	85-60-15-0		0-5-50-0	0-35-15-0	50-0-50-0

145-210-229	238-134-154	255-227-63	157-200-21	238-134-154	198-173-210	159-160-160
45-0-10-0	0-60-20-0	0-10-80-0	45-0-100-0	0-60-20-0	25-35-0-0	0-0-0-50

甜美的、女性化的色彩表达
▼

246-189-192	176-67-105	166-136-189		251-230-239	246-189-192	198-173-210
0-35-15-0	35-85-40-0	40-50-0-0		0-15-0-0	0-35-15-0	25-35-0-0

166-136-189	238-134-154	1-171-148		238-134-154	125-82-138	69-189-207
40-50-0-0	0-60-20-0	75-5-50-0		0-60-20-0	60-75-20-0	65-0-20-0

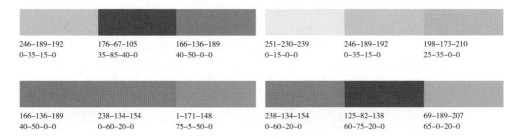

238-134-154
0-60-20-0

0-0-0
30-30-30-100

166-136-189
40-50-0-0

251-230-239
0-15-0-0

238-134-154
0-60-20-0

176-67-105
35-85-40-0

243-235-244
5-10-0-0

238-134-154
0-60-20-0

216-12-36
10-100-90-0

1-171-148
75-5-50-0

238-134-154
0-60-20-0

104-59-147
70-85-0-0

159-160-160
0-0-0-50

251-230-239
0-15-0-0

89-87-87
0-0-0-80

125-82-138
60-75-20-0

246-189-192
0-35-15-0

74-115-131
70-40-35-20

251-230-239
0-15-0-0

纯真的、浪漫的色彩表达

▼

246-189-192
0-35-15-0

213-234-216
20-0-20-0

252-228-223
0-15-10-0

246-189-192
0-35-15-0

251-230-239
0-15-0-0

152-195-176
45-10-35-0

246-189-192
0-35-15-0

254-236-210
0-10-20-0

212-236-234
20-0-10-0

246-189-192
0-35-15-0

255-255-255
0-0-0-0

255-240-150
0-5-50-0

198-173-210
25-35-0-0

246-189-192
0-35-15-0

251-230-239
0-15-0-0

210-175-166
20-35-30-0

251-230-239
0-15-0-0

138-105-105
50-60-50-10

213-234-216
20-0-20-0

246-189-192
0-35-15-0

155-133-177
45-50-10-0

252-228-223
0-15-10-0

246-189-192
0-35-15-0

243-235-244
5-10-0-0

255-255-255
0-0-0-0

255-252-209
0-0-25-0

252-228-223
0-15-10-0

210-175-166
20-35-30-0

254-236-210
0-10-20-0

250-206-157
0-25-40-0

252-228-223
0-15-10-0

213-200-150
20-20-45-0

243-235-244
5-10-0-0

5. 茶色

（1）常见色值

219-157-104
15-45-60-0

162-106-58
35-60-80-15

169-88-36
40-75-100-0

124-62-30
50-80-100-25

70-40-24
70-85-100-45

（2）配色方案

粗犷的色彩表达

169-88-36
40-75-100-0

201-57-65
20-90-70-0

124-62-30
50-80-100-25

158-35-40
45-100-100-0

169-88-36
40-75-100-0

95-55-106
75-90-40-0

162-106-58
35-60-80-15

70-40-24
70-85-100-45

216-12-36
10-100-90-0

158-35-40
45-100-100-0

169-88-36
40-75-100-0

68-0-0
25-100-100-80

128-39-64
60-100-75-0

162-106-58
35-60-80-15

70-40-24
70-85-100-45

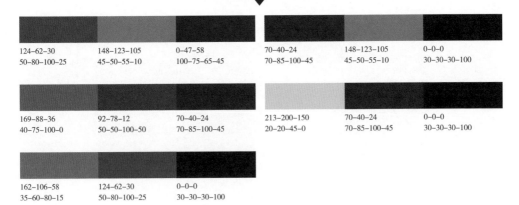

古典的色彩表达

124-62-30
50-80-100-25

148-123-105
45-50-55-10

0-47-58
100-75-65-45

70-40-24
70-85-100-45

148-123-105
45-50-55-10

0-0-0
30-30-30-100

169-88-36
40-75-100-0

92-78-12
50-50-100-50

70-40-24
70-85-100-45

213-200-150
20-20-45-0

70-40-24
70-85-100-45

0-0-0
30-30-30-100

162-106-58
35-60-80-15

124-62-30
50-80-100-25

0-0-0
30-30-30-100

厚重、冷静的色彩表达
▼

162-106-58	48-32-72	181-181-182	181-181-182	149-130-76	159-160-160
35-60-80-15	90-100-55-25	0-0-0-40	70-85-100-45	45-45-75-10	0-0-0-50

169-88-36	0-68-113	0-0-0	201-202-202	62-58-58	124-62-30
40-75-100-0	100-80-40-0	30-30-30-100	0-0-0-30	0-0-0-90	50-80-100-25

162-106-58	70-40-24	0-0-0	0-94-91	169-88-36	0-68-113
35-60-80-15	70-85-100-45	0-0-0-60	100-60-70-0	40-75-100-0	100-80-40-0

田园的色彩表达
▼

169-88-36	193-163-10	222-106-8	169-88-36	219-157-104	149-130-76
40-75-100-0	30-35-100-0	10-70-100-0	40-75-100-0	15-45-60-0	45-45-75-10

237-121-113	169-88-36	222-106-8	255-240-150	137-117-44	124-62-30
0-65-45-0	40-75-100-0	10-70-100-0	0-5-50-0	55-55-100-0	50-80-100-25

131-137-102	52-93-44	162-106-58	201-179-143	250-206-157	254-236-210
50-35-60-15	80-50-100-25	35-60-80-15	25-30-45-0	0-25-40-0	0-10-20-0

二、冷色配色

冷色包括蓝绿色、蓝色、蓝紫色等，让人有凉爽、冷静的感觉。在冷色中，最冷的是青色，离青色越远的色相温度越高。

1. 蓝紫色

（1）常见色值

145-210-229
45-0-10-0

0-117-156
100-40-30-0

0-78-162
100-70-0-0

40-97-157
85-60-15-0

0-68-113
100-80-40-0

（2）配色方案

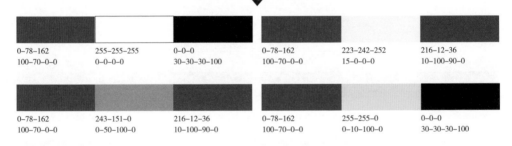

活跃、鲜明的色彩表达

0-78-162
100-70-0-0

255-255-255
0-0-0-0

0-0-0
30-30-30-100

0-78-162
100-70-0-0

223-242-252
15-0-0-0

216-12-36
10-100-90-0

0-78-162
100-70-0-0

243-151-0
0-50-100-0

216-12-36
10-100-90-0

0-78-162
100-70-0-0

255-255-0
0-10-100-0

0-0-0
30-30-30-100

清爽、畅快的色彩表达

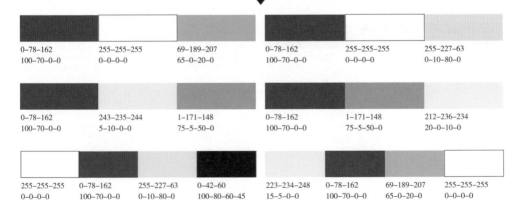

0-78-162
100-70-0-0

255-255-255
0-0-0-0

69-189-207
65-0-20-0

0-78-162
100-70-0-0

255-255-255
0-0-0-0

255-227-63
0-10-80-0

0-78-162
100-70-0-0

243-235-244
5-10-0-0

1-171-148
75-5-50-0

0-78-162
100-70-0-0

1-171-148
75-5-50-0

212-236-234
20-0-10-0

255-255-255
0-0-0-0

0-78-162
100-70-0-0

255-227-63
0-10-80-0

0-42-60
100-80-60-45

223-234-248
15-5-0-0

0-78-162
100-70-0-0

69-189-207
65-0-20-0

255-255-255
0-0-0-0

现代、华丽的色彩表达
▼

0–117–156	255–255–0	216–12–36
100–40–30–0	0–10–100–0	10–100–90–0

208–5–76	0–117–156	104–59–147
15–100–55–0	100–40–30–0	70–85–0–0

0–117–156	0–0–0	216–12–36
100–40–30–0	30–30–30–100	10–100–90–0

0–117–156	255–255–255	216–12–36
100–40–30–0	0–0–0–0	10–100–90–0

157–200–21	0–117–156	216–12–36
45–0–100–0	100–40–30–0	10–100–90–0

225–140–114	115–140–180	0–78–162
10–55–50–0	60–40–15–0	100–70–0–0

255–240–150	40–97–157	1–171–148	238–134–154
0–5–50–0	85–60–15–0	75–5–50–0	0–60–20–0

0–0–0	0–78–162	114–175–45	201–57–65
30–30–30–100	100–70–0–0	60–10–100–0	20–90–70–0

冷静、闲适的色彩表达
▼

0–117–156	255–240–150	1–171–148
100–40–30–0	0–5–50–0	75–5–50–0

239–239–239	0–117–156	0–78–162
0–0–0–10	100–40–30–0	100–70–0–0

198–173–210	40–97–157	13–49–93
25–35–0–0	85–60–15–0	100–90–45–15

255–255–255	0–117–156	0–68–113
0–0–0–0	100–40–30–0	100–80–40–0

223–234–248	108–155–210	0–78–162
15–5–0–0	60–30–0–0	100–70–0–0

255–252–209	40–97–157	145–210–229	239–239–239
0–0–25–0	85–60–15–0	45–0–10–0	0–0–0–10

0–0–0	40–97–157	154–167–177	252–228–223
30–30–30–100	85–60–15–0	45–30–25–0	0–15–10–0

223–242–252	145–210–229	166–136–189	115–140–180
15–0–0–0	45–0–10–0	40–50–0–0	60–40–15–0

2. 深蓝色

（1）常见色值

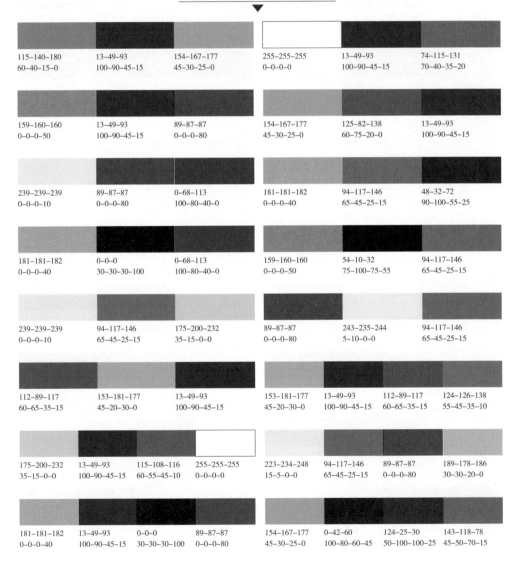

94-117-146　　　　0-68-113　　　　13-49-93　　　　0-42-60　　　　48-32-72
65-45-25-15　　　100-80-40-0　　　100-90-45-15　　　100-80-60-45　　　90-100-55-25

（2）配色方案

正式、绅士的色彩表达

115-140-180　　　13-49-93　　　　154-167-177　　　　　255-255-255　　　13-49-93　　　　74-115-131
60-40-15-0　　　100-90-45-15　　45-30-25-0　　　　　0-0-0-0　　　　100-90-45-15　　70-40-35-20

159-160-160　　　13-49-93　　　　89-87-87　　　　154-167-177　　　125-82-138　　　13-49-93
0-0-0-50　　　　100-90-45-15　　0-0-0-80　　　　45-30-25-0　　　60-75-20-0　　　100-90-45-15

239-239-239　　　89-87-87　　　　0-68-113　　　　181-181-182　　　94-117-146　　　48-32-72
0-0-0-10　　　　0-0-0-80　　　　100-80-40-0　　　0-0-0-40　　　　65-45-25-15　　90-100-55-25

181-181-182　　　0-0-0　　　　　0-68-113　　　　159-160-160　　　54-10-32　　　　94-117-146
0-0-0-40　　　　30-30-30-100　　100-80-40-0　　　0-0-0-50　　　　75-100-75-55　　65-45-25-15

239-239-239　　　94-117-146　　　175-200-232　　　89-87-87　　　　243-235-244　　　94-117-146
0-0-0-10　　　　65-45-25-15　　35-15-0-0　　　　0-0-0-80　　　　5-10-0-0　　　　65-45-25-15

112-89-117　　　153-181-177　　　13-49-93　　　　153-181-177　　　13-49-93　　　　112-89-117　　　124-126-138
60-65-35-15　　　45-20-30-0　　　100-90-45-15　　45-20-30-0　　　100-90-45-15　　60-65-35-15　　55-45-35-10

175-200-232　　　13-49-93　　　　115-108-116　　　255-255-255　　　223-234-248　　　94-117-146　　　89-87-87　　　189-178-186
35-15-0-0　　　　100-90-45-15　　60-55-45-10　　　0-0-0-0　　　　15-5-0-0　　　　65-45-25-15　　0-0-0-80　　　30-30-20-0

181-181-182　　　13-49-93　　　　0-0-0　　　　　89-87-87　　　　154-167-177　　　0-42-60　　　　124-25-30　　　143-118-78
0-0-0-40　　　　100-90-45-15　　30-30-30-100　　0-0-0-80　　　　45-30-25-0　　　100-80-60-45　　50-100-100-25　45-50-70-15

现代、理性的色彩表达

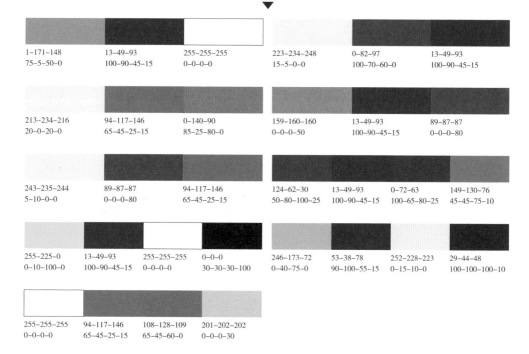

| 1-171-148 | 13-49-93 | 255-255-255 |
| 75-5-50-0 | 100-90-45-15 | 0-0-0-0 |

| 223-234-248 | 0-82-97 | 13-49-93 |
| 15-5-0-0 | 100-70-60-0 | 100-90-45-15 |

| 213-234-216 | 94-117-146 | 0-140-90 |
| 20-0-20-0 | 65-45-25-15 | 85-25-80-0 |

| 159-160-160 | 13-49-93 | 89-87-87 |
| 0-0-0-50 | 100-90-45-15 | 0-0-0-80 |

| 243-235-244 | 89-87-87 | 94-117-146 |
| 5-10-0-0 | 0-0-0-80 | 65-45-25-15 |

| 124-62-30 | 13-49-93 | 0-72-63 | 149-130-76 |
| 50-80-100-25 | 100-90-45-15 | 100-65-80-25 | 45-45-75-10 |

| 255-225-0 | 13-49-93 | 255-255-255 | 0-0-0 |
| 0-10-100-0 | 100-90-45-15 | 0-0-0-0 | 30-30-30-100 |

| 246-173-72 | 53-38-78 | 252-228-223 | 29-44-48 |
| 0-40-75-0 | 90-100-55-15 | 0-15-10-0 | 100-100-100-10 |

| 255-255-255 | 94-117-146 | 108-128-109 | 201-202-202 |
| 0-0-0-0 | 65-45-25-15 | 65-45-60-0 | 0-0-0-30 |

风雅、潇洒的色彩表达

| 243-151-0 | 13-49-93 | 216-12-36 |
| 0-50-100-0 | 100-90-45-15 | 10-100-90-0 |

| 255-255-255 | 238-134-154 | 13-49-93 |
| 0-0-0-0 | 0-60-20-0 | 100-90-45-15 |

| 225-140-114 | 0-68-113 | 213-200-150 |
| 10-55-50-0 | 100-80-40-0 | 20-20-45-0 |

| 250-206-157 | 78-147-166 | 94-117-146 |
| 0-25-40-0 | 70-30-30-0 | 65-45-25-15 |

| 225-140-114 | 92-78-12 | 0-42-60 |
| 10-55-50-0 | 50-50-100-50 | 100-80-60-45 |

| 246-189-192 | 239-239-239 | 94-117-146 |
| 0-35-15-0 | 0-0-0-10 | 65-45-25-15 |

| 201-202-202 | 255-252-209 | 94-117-146 |
| 0-0-0-30 | 0-0-25-0 | 65-45-25-15 |

| 246-173-72 | 48-32-72 | 252-228-223 | 29-44-48 |
| 0-40-75-0 | 90-100-55-25 | 0-15-10-0 | 100-100-100-10 |

三、中性色配色

中性色是指既不属于冷色调也不属于暖色调的颜色，常见有绿色和紫色，它们都属于冷暖平衡的中性色。

1. 绿色

（1）常见色值

237-242-197	157-200-21	0-149-62	0-137-93	0-77-65
10-0-30-0	45-0-100-0	85-15-100-0	100-20-80-0	100-60-80-25

（2）配色方案

有生气的色彩表达 ▼

216-12-36	0-149-62	255-255-0
10-100-90-0	85-15-100-0	0-10-100-0

0-78-162	0-149-62	216-12-36
100-70-0-0	85-15-100-0	10-100-90-0

255-255-0	0-117-156	0-149-62
0-10-100-0	100-40-30-0	85-15-100-0

255-255-255	216-12-36	0-149-62
0-0-0-0	10-100-90-0	85-15-100-0

243-151-0	0-149-62	216-12-36	154-187-153
0-50-100-0	85-15-100-0	10-100-90-0	45-15-45-0

0-0-0	0-140-90	176-67-105	255-255-255
30-30-30-100	85-25-80-0	35-85-40-0	0-0-0-0

208-5-76	0-149-62	243-151-0	255-227-63
15-100-55-0	85-15-100-0	0-50-100-0	0-10-80-0

255-255-0	114-175-45	201-57-65	69-189-207
0-10-100-0	60-10-100-0	20-90-70-0	65-0-20-0

大胆、动感的色彩表达 ▼

104-59-147	0-149-62	208-5-76
70-85-0-0	85-15-100-0	15-100-55-0

0-149-62	95-55-106	13-49-93
85-15-100-0	75-90-40-0	100-90-45-15

255-255-0 / 0-10-100-0 | 0-149-62 / 85-15-100-0 | 104-59-147 / 70-85-0-0
191-201-164 / 30-15-40-0 | 0-72-46 / 100-65-100-25 | 0-140-90 / 85-25-80-0

255-255-0 / 0-10-100-0 | 0-0-0 / 30-30-30-100 | 0-149-62 / 85-15-100-0 | 216-12-36 / 10-100-90-0
95-55-106 / 75-90-40-0 | 0-149-62 / 85-15-100-0 | 208-5-76 / 15-100-55-0 | 243-235-244 / 5-10-0-0

健康、自然的色彩表达
▼

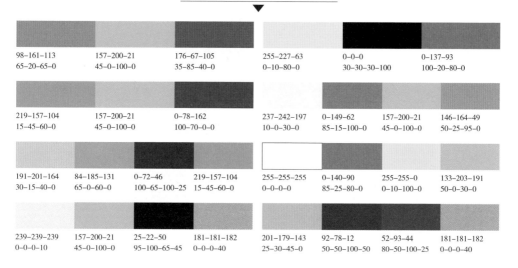

98-161-113 / 65-20-65-0 | 157-200-21 / 45-0-100-0 | 176-67-105 / 35-85-40-0
255-227-63 / 0-10-80-0 | 0-0-0 / 30-30-30-100 | 0-137-93 / 100-20-80-0

219-157-104 / 15-45-60-0 | 157-200-21 / 45-0-100-0 | 0-78-162 / 100-70-0-0
237-242-197 / 10-0-30-0 | 0-149-62 / 85-15-100-0 | 157-200-21 / 45-0-100-0 | 146-164-49 / 50-25-95-0

191-201-164 / 30-15-40-0 | 84-185-131 / 65-0-60-0 | 0-72-46 / 100-65-100-25 | 219-157-104 / 15-45-60-0
255-255-255 / 0-0-0-0 | 0-140-90 / 85-25-80-0 | 255-255-0 / 0-10-100-0 | 133-203-191 / 50-0-30-0

239-239-239 / 0-0-0-10 | 157-200-21 / 45-0-100-0 | 25-22-50 / 95-100-65-45 | 181-181-182 / 0-0-0-40
201-179-143 / 25-30-45-0 | 92-78-12 / 50-50-100-50 | 52-93-44 / 80-50-100-25 | 181-181-182 / 0-0-0-40

闲适、轻快的色彩表达
▼

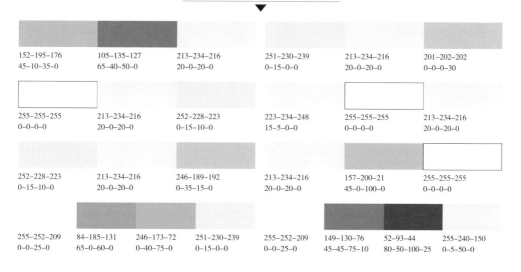

152-195-176 / 45-10-35-0 | 105-135-127 / 65-40-50-0 | 213-234-216 / 20-0-20-0
251-230-239 / 0-15-0-0 | 213-234-216 / 20-0-20-0 | 201-202-202 / 0-0-0-30

255-255-255 / 0-0-0-0 | 213-234-216 / 20-0-20-0 | 252-228-223 / 0-15-10-0
223-234-248 / 15-5-0-0 | 255-255-255 / 0-0-0-0 | 213-234-216 / 20-0-20-0

252-228-223 / 0-15-10-0 | 213-234-216 / 20-0-20-0 | 246-189-192 / 0-35-15-0
213-234-216 / 20-0-20-0 | 157-200-21 / 45-0-100-0 | 255-255-255 / 0-0-0-0

255-252-209 / 0-0-25-0 | 84-185-131 / 65-0-60-0 | 246-173-72 / 0-40-75-0 | 251-230-239 / 0-15-0-0
255-252-209 / 0-0-25-0 | 149-130-76 / 45-45-75-10 | 52-93-44 / 80-50-100-25 | 255-240-150 / 0-5-50-0

2. 紫色

（1）常见色值

243-235-244　　166-136-189　　104-59-147　　　　　125-82-138　　　　95-55-106
5-10-0-0　　　　40-50-0-0　　　　70-85-0-0　　　　　60-75-20-0　　　　75-90-40-0

（2）配色方案

华丽、奢侈的色彩表达
▼

104-59-147	238-134-154	198-173-210	104-59-147	255-225-0	216-12-36
70-85-0-0	0-60-20-0	25-35-0-0	70-85-0-0	0-10-100-0	10-100-90-0

104-59-147	245-178-178	208-5-76	104-59-147	1-171-148	238-134-154
70-85-0-0	0-40-20-0	15-100-55-0	70-85-0-0	75-5-50-0	0-60-20-0

0-0-0	104-59-147	181-181-182	104-59-147	193-163-10	208-5-76
30-30-30-100	70-85-0-0	0-0-0-40	70-85-0-0	30-35-100-0	15-100-55-0

166-136-189	0-0-0	208-5-76	198-173-210	212-236-234	0-78-162
40-50-0-0	30-30-30-100	15-100-55-0	25-35-0-0	20-0-10-0	100-70-0-0

208-5-76	84-185-131	104-59-147	246-189-192	243-235-244	104-59-147
15-100-55-0	65-0-60-0	70-85-0-0	0-35-15-0	5-10-0-0	70-85-0-0

243-151-0	157-200-21	104-59-147	255-225-0	104-59-147	208-5-76	255-240-150
0-50-100-0	45-0-100-0	70-85-0-0	0-10-100-0	70-85-0-0	15-100-55-0	0-5-50-0

237-121-113	104-59-147	255-225-0	243-151-0	104-59-147	0-0-0
0-65-45-0	70-85-0-0	0-10-100-0	0-50-100-0	70-85-0-0	30-30-30-100

0-0-0	104-59-147	181-181-182	89-87-87	238-134-154	104-59-147	208-5-76	243-235-244
30-30-30-100	70-85-0-0	0-0-0-40	0-0-0-80	0-60-20-0	70-85-0-0	15-100-55-0	5-10-0-0

高雅、尊贵的色彩表达

▼

78-147-166   125-82-138   154-167-177   254-236-210   95-55-106   68-0-0
70-30-30-0   60-75-20-0   45-30-25-0   0-10-20-0   75-90-40-0   25-100-100-80

154-167-177   125-82-138   13-49-93   166-136-189   198-173-210   124-126-138
45-30-25-0   60-75-20-0   100-90-45-15   40-50-0-0   25-35-0-0   55-45-35-10

166-136-189   239-239-239   115-140-180   154-167-177   125-82-138   13-49-93   138-105-105
40-50-0-0   0-0-0-10   60-40-15-0   45-30-25-0   60-75-20-0   100-90-45-15   50-60-50-10

文雅、浪漫的色彩表达

▼

166-136-189   125-82-138   197-133-131   255-255-255   166-136-189   0-0-0
40-50-0-0   60-75-20-0   25-55-40-0   0-0-0-0   40-50-0-0   30-30-30-100

176-67-105   13-49-93   166-136-189   246-189-192   125-82-138   166-136-189
35-85-40-0   100-90-45-15   40-50-0-0   0-35-15-0   60-75-20-0   40-50-0-0

251-230-239   245-178-178   198-173-210   198-173-210   243-235-244   238-134-154
0-15-0-0   0-40-20-0   25-35-0-0   25-35-0-0   5-10-0-0   0-60-20-0

255-252-209   243-235-244   223-242-252   198-173-210   197-133-131   243-235-244
0-0-25-0   5-10-0-0   15-0-0-0   25-35-0-0   25-55-40-0   5-10-0-0

238-134-154   104-59-147   1-171-147   212-236-234   154-167-177   243-235-244
0-60-20-0   70-85-0-0   75-5-50-0   20-0-10-0   45-30-25-0   5-10-0-0

154-167-177   239-239-239   198-173-210   255-252-209   243-235-244   223-242-252   251-230-239
45-30-25-0   0-0-0-10   25-35-0-0   0-0-25-0   5-10-0-0   15-0-0-0   0-15-0-0

212-236-234   154-167-177   243-235-244   255-240-150   198-173-210   243-235-244   197-133-131   255-255-255
20-0-10-0   45-30-25-0   5-10-0-0   0-5-50-0   25-35-0-0   5-10-0-0   25-55-40-0   0-0-0-0

四、无彩色配色

1. 白色

（1）常见色值

255-255-255
0-0-0-0

（2）配色方案

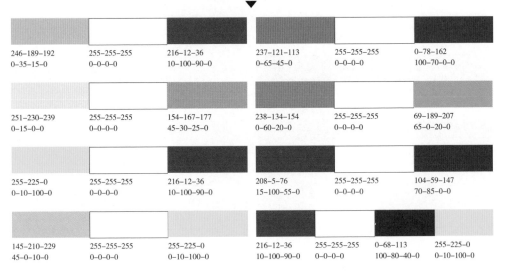

新鲜的色彩表达
▼

108-155-210
60-30-0-0

255-255-255
0-0-0-0

170-206-54
40-0-90-0

193-219-129
30-0-60-0

255-255-255
0-0-0-0

250-206-157
0-25-40-0

255-240-150
0-5-50-0

255-255-255
0-0-0-0

212-236-234
20-0-10-0

255-240-150
0-5-50-0

0-94-60
100-60-100-0

255-255-255
0-0-0-0

69-189-207
65-0-20-0

255-255-255
0-0-0-0

255-225-0
0-10-100-0

252-228-223
0-15-10-0

255-227-63
0-10-80-0

255-255-255
0-0-0-0

153-181-177
45-20-30-0

94-117-146
65-45-25-15

有活力的色彩表达
▼

246-189-192
0-35-15-0

255-255-255
0-0-0-0

216-12-36
10-100-90-0

237-121-113
0-65-45-0

255-255-255
0-0-0-0

0-78-162
100-70-0-0

251-230-239
0-15-0-0

255-255-255
0-0-0-0

154-167-177
45-30-25-0

238-134-154
0-60-20-0

255-255-255
0-0-0-0

69-189-207
65-0-20-0

255-225-0
0-10-100-0

255-255-255
0-0-0-0

216-12-36
10-100-90-0

208-5-76
15-100-55-0

255-255-255
0-0-0-0

104-59-147
70-85-0-0

145-210-229
45-0-10-0

255-255-255
0-0-0-0

255-225-0
0-10-100-0

216-12-36
10-100-90-0

255-255-255
0-0-0-0

0-68-113
100-80-40-0

255-225-0
0-10-100-0

安静的色彩表达

▼

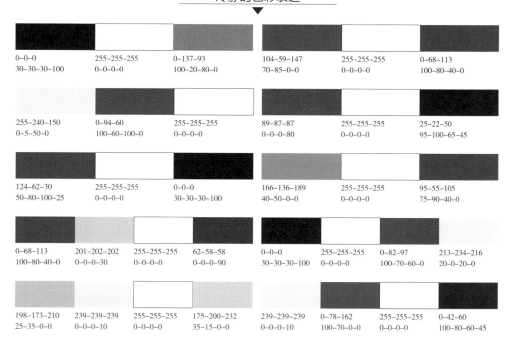

108-155-210
60-30-0-0

255-255-255
0-0-0-0

170-206-54
40-0-90-0

108-155-210
60-30-0-0

255-255-255
0-0-0-0

133-203-191
50-0-30-0

250-206-157
0-25-40-0

255-255-255
0-0-0-0

198-173-210
25-35-0-0

255-255-255
0-0-0-0

153-181-177
45-20-30-0

198-173-210
25-35-0-0

255-255-255
0-0-0-0

198-173-210
25-35-0-0

175-200-232
35-15-0-0

252-228-223
0-15-10-0

145-210-229
45-0-10-0

255-255-255
0-0-0-0

255-252-209
0-0-25-0

223-242-252
15-0-0-0

255-255-255
0-0-0-0

145-210-229
45-0-10-0

108-155-210
60-30-0-0

255-255-255
0-0-0-0

193-219-129
30-0-60-0

255-255-255
0-0-0-0

153-181-177
45-20-30-0

239-239-239
0-0-0-10

145-210-229
45-0-10-0

255-255-255
0-0-0-0

108-155-210
60-30-0-0

251-230-239
0-15-0-0

冷静的色彩表达

▼

0-0-0
30-30-30-100

255-255-255
0-0-0-0

0-137-93
100-20-80-0

104-59-147
70-85-0-0

255-255-255
0-0-0-0

0-68-113
100-80-40-0

255-240-150
0-5-50-0

0-94-60
100-60-100-0

255-255-255
0-0-0-0

89-87-87
0-0-0-80

255-255-255
0-0-0-0

25-22-50
95-100-65-45

124-62-30
50-80-100-25

255-255-255
0-0-0-0

0-0-0
30-30-30-100

166-136-189
40-50-0-0

255-255-255
0-0-0-0

95-55-105
75-90-40-0

0-68-113
100-80-40-0

201-202-202
0-0-0-30

255-255-255
0-0-0-0

62-58-58
0-0-0-90

0-0-0
30-30-30-100

255-255-255
0-0-0-0

0-82-97
100-70-60-0

213-234-216
20-0-20-0

198-173-210
25-35-0-0

239-239-239
0-0-0-10

255-255-255
0-0-0-0

175-200-232
35-15-0-0

239-239-239
0-0-0-10

0-78-162
100-70-0-0

255-255-255
0-0-0-0

0-42-60
100-80-60-45

2. 黑色

（1）常见色值

0-0-0   62-58-58
30-30-30-100   0-0-0-90

（2）配色方案

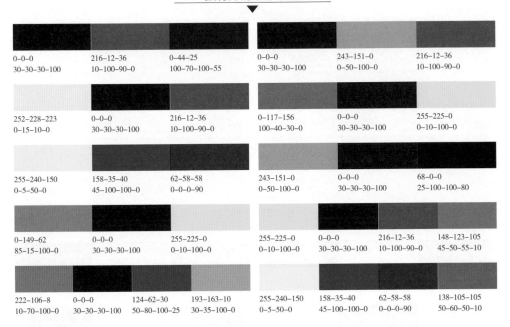

强有力的色彩表达

| 0-0-0 | 216-12-36 | 0-44-25 | | 0-0-0 | 243-151-0 | 216-12-36 |
| 30-30-30-100 | 10-100-90-0 | 100-70-100-55 | | 30-30-30-100 | 0-50-100-0 | 10-100-90-0 |

| 252-228-223 | 0-0-0 | 216-12-36 | | 0-117-156 | 0-0-0 | 255-225-0 |
| 0-15-10-0 | 30-30-30-100 | 10-100-90-0 | | 100-40-80-0 | 30-30-30-100 | 0-10-100-0 |

| 255-240-150 | 158-35-40 | 62-58-58 | | 243-151-0 | 0-0-0 | 68-0-0 |
| 0-5-50-0 | 45-100-100-0 | 0-0-0-90 | | 0-50-100-0 | 30-30-30-100 | 25-100-100-80 |

| 0-149-62 | 0-0-0 | 255-225-0 | | 255-225-0 | 0-0-0 | 216-12-36 | 148-123-105 |
| 85-15-100-0 | 30-30-30-100 | 0-10-100-0 | | 0-10-100-0 | 30-30-30-100 | 10-100-90-0 | 45-50-55-10 |

| 222-106-8 | 0-0-0 | 124-62-30 | 193-163-10 | | 255-240-150 | 158-35-40 | 62-58-58 | 138-105-105 |
| 10-70-100-0 | 30-30-30-100 | 50-80-100-25 | 30-35-100-0 | | 0-5-50-0 | 45-100-100-0 | 0-0-0-90 | 50-60-50-10 |

敏锐的色彩表达

| 0-0-0 | 255-255-255 | 13-49-93 | | 0-0-0 | 193-163-10 | 78-147-166 |
| 30-30-30-100 | 0-0-0-0 | 100-90-45-15 | | 30-30-30-100 | 0-0-0-30 | 70-30-30-0 |

| 0-0-0 | 223-242-252 | 0-137-93 | | 0-0-0 | 239-239-239 | 0-78-162 |
| 30-30-30-100 | 15-0-0-0 | 100-20-80-0 | | 30-30-30-100 | 0-0-0-10 | 100-70-0-0 |

| 255-255-255 | 0-0-0 | 115-140-180 | | 114-113-113 | 0-78-162 | 0-0-0 |
| 0-0-0-0 | 30-30-30-100 | 60-40-15-0 | | 0-0-0-70 | 100-70-0-0 | 30-30-30-100 |

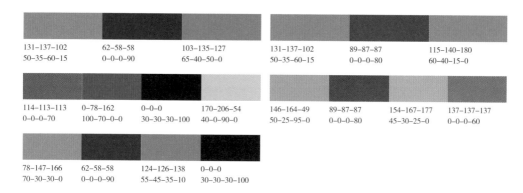

131-137-102
50-35-60-15

62-58-58
0-0-0-90

103-135-127
65-40-50-0

131-137-102
50-35-60-15

89-87-87
0-0-0-80

115-140-180
60-40-15-0

114-113-113
0-0-0-70

0-78-162
100-70-0-0

0-0-0
30-30-30-100

170-206-54
40-0-90-0

146-164-49
50-25-95-0

89-87-87
0-0-0-80

154-167-177
45-30-25-0

137-137-137
0-0-0-60

78-147-166
70-30-30-0

62-58-58
0-0-0-90

124-126-138
55-45-35-10

0-0-0
30-30-30-100

厚重的色彩表达
▼

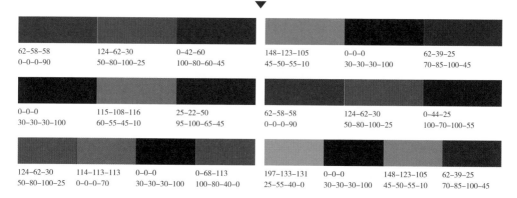

62-58-58
0-0-0-90

124-62-30
50-80-100-25

0-42-60
100-80-60-45

148-123-105
45-50-55-10

0-0-0
30-30-30-100

62-39-25
70-85-100-45

0-0-0
30-30-30-100

115-108-116
60-55-45-10

25-22-50
95-100-65-45

62-58-58
0-0-0-90

124-62-30
50-80-100-25

0-44-25
100-70-100-55

124-62-30
50-80-100-25

114-113-113
0-0-0-70

0-0-0
30-30-30-100

0-68-113
100-80-40-0

197-133-131
25-55-40-0

0-0-0
30-30-30-100

148-123-105
45-50-55-10

62-39-25
70-85-100-45

神圣的色彩表达
▼

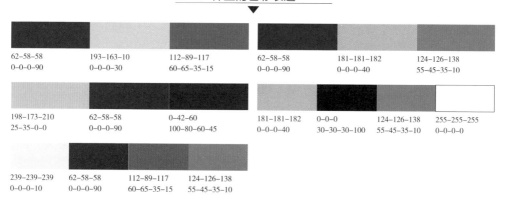

62-58-58
0-0-0-90

193-163-10
0-0-0-30

112-89-117
60-65-35-15

62-58-58
0-0-0-90

181-181-182
0-0-0-40

124-126-138
55-45-35-10

198-173-210
25-35-0-0

62-58-58
0-0-0-90

0-42-60
100-80-60-45

181-181-182
0-0-0-40

0-0-0
30-30-30-100

124-126-138
55-45-35-10

255-255-255
0-0-0-0

239-239-239
0-0-0-10

62-58-58
0-0-0-90

112-89-117
60-65-35-15

124-126-138
55-45-35-10

3. 灰色

（1）常见色值

239-239-239 0-0-0-10	181-181-182 0-0-0-40	159-160-160 0-0-0-50	137-137-137 0-0-0-60	114-113-113 0-0-0-70

（2）配色方案

优雅的色彩表达

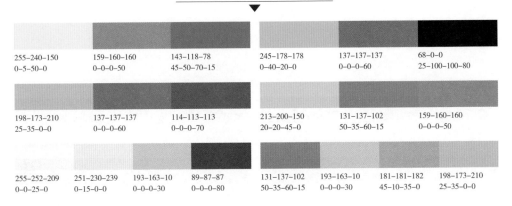

| 255-240-150
0-5-50-0 | 159-160-160
0-0-0-50 | 143-118-78
45-50-70-15 | | 245-178-178
0-40-20-0 | 137-137-137
0-0-0-60 | 68-0-0
25-100-100-80 |

| 198-173-210
25-35-0-0 | 137-137-137
0-0-0-60 | 114-113-113
0-0-0-70 | | 213-200-150
20-20-45-0 | 131-137-102
50-35-60-15 | 159-160-160
0-0-0-50 |

| 255-252-209
0-0-25-0 | 251-230-239
0-15-0-0 | 193-163-10
0-0-0-30 | 89-87-87
0-0-0-80 | 131-137-102
50-35-60-15 | 193-163-10
0-0-0-30 | 181-181-182
45-10-35-0 | 198-173-210
25-35-0-0 |

绅士的色彩表达

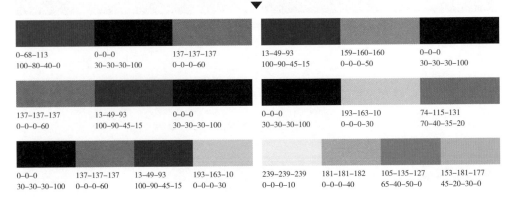

| 0-68-113
100-80-40-0 | 0-0-0
30-30-30-100 | 137-137-137
0-0-0-60 | | 13-49-93
100-90-45-15 | 159-160-160
0-0-0-50 | 0-0-0
30-30-30-100 |

| 137-137-137
0-0-0-60 | 13-49-93
100-90-45-15 | 0-0-0
30-30-30-100 | | 0-0-0
30-30-30-100 | 193-163-10
0-0-0-30 | 74-115-131
70-40-35-20 |

| 0-0-0
30-30-30-100 | 137-137-137
0-0-0-60 | 13-49-93
100-90-45-15 | 193-163-10
0-0-0-30 | 239-239-239
0-0-0-10 | 181-181-182
0-0-0-40 | 105-135-127
65-40-50-0 | 153-181-177
45-20-30-0 |

理智、威严的色彩表达

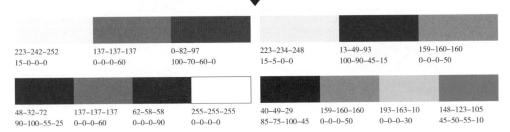

| 223-242-252
15-0-0-0 | 137-137-137
0-0-0-60 | 0-82-97
100-70-60-0 | | 223-234-248
15-5-0-0 | 13-49-93
100-90-45-15 | 159-160-160
0-0-0-50 |

| 48-32-72
90-100-55-25 | 137-137-137
0-0-0-60 | 62-58-58
0-0-0-90 | 255-255-255
0-0-0-0 | 40-49-29
85-75-100-45 | 159-160-160
0-0-0-50 | 193-163-10
0-0-0-30 | 148-123-105
45-50-55-10 |

7

第七章

室内软装设计

软装布置不是简单的家具、布艺的选购问题，优秀的软装设计既需要考虑空间的整体风格，还要注意空间的构图，保证布置后的空间看起来是和谐、美观的。因此在本章的第一节中，主要针对空间的摆场，总结了常用的构图手法与技巧，通过实景图的展示，直接将方法的特点表现出来，方便运用。在第二节中则从装饰画、抱枕等更具体的单品布置入手，更有针对性地分析不同软装单品的布置要点与技法。

第一节　软装摆场构图与技巧

一、软装摆场构图方法

　　软装摆场是根据软装设计方案延伸而来的，因此在空间中放置的每一件物品都与空间、主题、色彩息息相关；陈列则是指将物品按照一定的摆设标准，在空间中呈现，并使之具有故事性、情景化、逻辑性以及审美性。常见的软装摆场方法有三角形构图法、三等分构图法、对称构图法和黄金比例构图法。

构图方法
三角形构图法
三等分构图法
对称构图法
黄金比例构图法

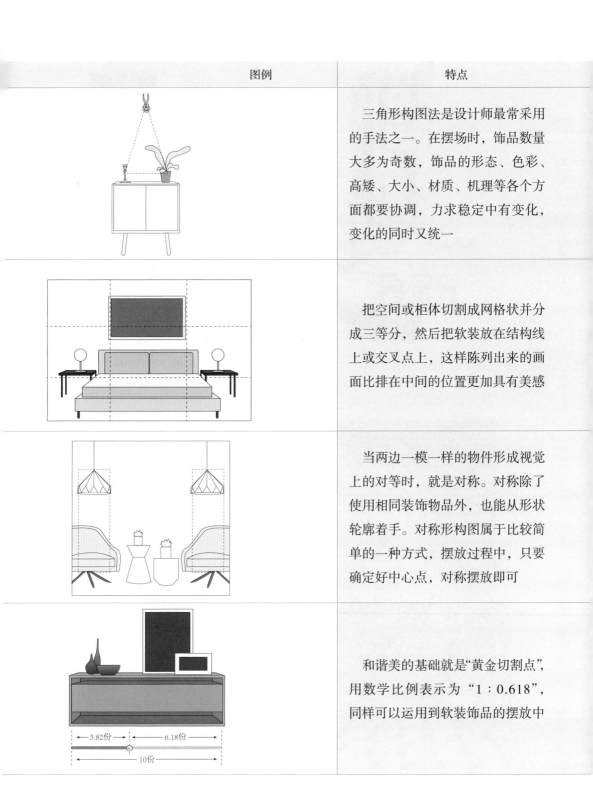

图例	特点
	三角形构图法是设计师最常采用的手法之一。在摆场时，饰品数量大多为奇数，饰品的形态、色彩、高矮、大小、材质、机理等各个方面都要协调，力求稳定中有变化，变化的同时又统一
	把空间或柜体切割成网格状并分成三等分，然后把软装放在结构线上或交叉点上，这样陈列出来的画面比排在中间的位置更加具有美感
	当两边一模一样的物件形成视觉上的对等时，就是对称。对称除了使用相同装饰物品外，也能从形状轮廓着手。对称形构图属于比较简单的一种方式，摆放过程中，只要确定好中心点，对称摆放即可
	和谐美的基础就是"黄金切割点"，用数学比例表示为"1：0.618"，同样可以运用到软装饰品的摆放中

三角形构图法

柜子里的陈列品与茶几上的花艺装饰以及白色单人座椅形成三角形构图，
视觉上加强了稳定感。

入门玄关柜上的装饰物以三
角形构图带来了稳定但又有
变化的视觉氛围，让人一进
门就感受到和谐的装饰美感。

三等分构图

墙上的装饰画以及床两侧的装饰吊灯可以看成是三等分构图，这样的构图看上去更有均衡感但不会死板。

把水晶吊灯和吧台椅放在空间一侧 1/3 处，另一侧留出更多的空间，这样会显得更加轻松，减少呆板感。

对称构图

以床的中线为中轴线，中轴线两边无论是床上用品还是灯具、家具，都以完全相同的样式出现，会给人们带来一种稳定、正式、均衡的感受。

左右对称摆设的吊灯和休闲沙发，使空间角的画面整体稳定、协调。

黄金比例构图

绿植与摆件按照黄金比例摆放，变化中带着统一感。

花瓶与装饰画的摆放符合黄金比例，所以即使柜体上的装饰品很多，也不会给人以凌乱感。

构图方法	
色彩呼应	
形态呼应	

二、软装摆场常用技法

软装摆场是根据软装设计方案延伸而来的，因此在空间中放置的每一件物品都与空间、主题、色彩息息相关。常见的软装摆场技法有色彩呼应、形态呼应、动静结合、黄金比例构图法。

图例	特点
	在搭配上，可以让家具和配饰、装饰画等之间有色彩上的呼应，使得整个空间氛围更具有连贯性
	形态包括形状、花纹、材质、款式等。例如形状上的形态呼应，以表现在家具和灯具上都有"圆弧形"造型，搭配起来协调而统一

构图方法	
动静结合	
主题呼应	

图例	特点
	通过某一摆件或画面形成动态，再配以具有静态感的绿植 / 花艺等。通过动静结合，使得整个空间看上去生动而又充满趣味感
	若想突出一个空间的主题性，可以采取"主题呼应"的形式。那么就需要在家具、配饰、布艺等之间有同一个主题的表达

● 第二节　软装单品布置方法

一、装饰画组合方式

装饰画的布置主要可以分为单幅悬挂法、对称法、重复法、边线法、边框法等，根据墙面尺寸和室内风格，选择不同的布置方法，才能发挥出装饰效果。

构图方法	特点
单幅悬挂法	一整幅照片铺满墙面，个性十足
对称法	以照片组的中心线为基准，照片成左右、上下对称分布
重复法	采用相似画风、相同大小和画框进行等距重复悬挂
边线法	让一组画的某一边对齐，对齐的边线可以是画的底部、顶部、左边或右边

图例	适合风格	注意事项
	各种风格均可	较窄的地方，选择竖版照片，增加空间感和纵深
	中式风格、欧式风格	一般采用同一色系或内容相同、相似的装饰画
	现代风格、北欧风格、欧式风格	需要用在层高较高、立面面积较大的空间中
	各种风格均可	画作数量可以根据墙面宽度决定

构图方法	特点
边框法	用一组画构成一个方框，方框内部的画框可以有大小、横竖的变化
对角线法	以对角线为基准，照片呈对角线对称分布
搁置法	将装饰画直接放在搁板或家具上，可以让小尺寸照片压住大尺寸照片，以突出照片内容
自由法	这种方式没有固定的模式，比较自由、放松

续表

图例	适合风格	注意事项
	美式风格、欧式风格、北欧风格	容易获得统一感，但要注意墙面大小
	各种风格均可	一般是由低到高或由高到低的连续性挂画
	北欧风格、简欧风格、法式风格、日式风格	装饰画与摆件之间要有呼应
	现代风格、混搭风格、工业风格	需要考虑画框的大小、画面重色在整个墙面的均衡分布

单幅悬挂法

如果家具在腰线以下，那么墙面的主体需要照片装饰，选择大尺寸照片；如果家具在腰线及以上，选择小尺寸照片，以起到画龙点睛的作用。

对称悬挂法

可以上下对称，也可以左右对称，甚至可以中心对称。

重复悬挂法

画作数量可以是 4 张、6 张、9 张、12 张、16 张，只要用统一尺寸的照片贴出方正的造型即可。

边线悬挂法

通常背景墙以底部对齐比较常见，这样可以保证靠近家具的部分不会显得太乱。

边框悬挂法

框线内画作的内容、画框的颜色或款式都可以变化。

对角线悬挂法

左上角画作和右下角画作连成一条对角线，其余照片沿着对角线摆放即可。

搁置法

压照片的方式看起来很有艺术感，小尺寸照片压大尺寸照片，让精彩的小尺寸照片也很突显。

自由悬挂法

自由挂法一定要注意整体的协调感。

二、靠枕布置方式

靠枕的布置多以单数摆设居多，常用的布置方式是用对称和跳色营造节奏美感，通常一组抱枕的色彩和图案最多不要超过3种。

组合名称	特点
3+1 不对称法	当靠枕所在背景和靠枕颜色较素净时，可采用此种摆放方式增添活跃感
对称法	在将要摆放靠枕的场所中找一条中线，左右两侧靠枕呈对称式摆放
远大近小法	从内向外多摆放几层靠枕。里层靠枕尺寸应大一些，越向外越小
大小搭配法	将大靠枕放在沙发左右两端，小靠枕放在沙发中间

图例	适合风格	注意事项
	现代风格、简约风格、北欧风、工业风格	由于人总是习惯性地第一时间把目光的焦点放在右边，因此，最好把靠枕都放在沙发右侧
	各种风格均可	这种摆放方式简单大气、整齐有序，也最保守，不容易出错
	中式风格、欧式风格、美式风格	当摆放场所进深较深时，只有一层靠枕难以满足倚靠的舒适度，此时可采用多层摆放方式
	各种风格均可	可营造出和谐、舒适的视觉效果